精品课程新形态教材
21世纪应用型人才培养系列教材
新时代创新型人才培养精品教材

交互设计

主编 刘 强 张文波

JIAOHU SHEJI

东北林业大学出版社
Northeast Forestry University Press
·哈尔滨·

版权专有　侵权必究

举报电话：0451-82113295

图书在版编目（CIP）数据

交互设计 / 刘强，张文波主编. —哈尔滨：东北林业大学出版社，2023.5（2025.1重印）

ISBN 978-7-5674-3143-0

Ⅰ.①交… Ⅱ.①刘… ②张… Ⅲ.①人-机系统—系统设计 Ⅳ.①TP11

中国国家版本馆CIP数据核字(2023)第084966号

责任编辑：赵佳琦

策划编辑：董　美

封面设计：尤岛设计

出版发行：东北林业大学出版社

（哈尔滨市香坊区哈平六道街6号　邮编：150040）

印　　装：北京俊林印刷有限公司

规　　格：787mm×1092mm　1/16

印　　张：10

字　　数：179千字

版　　次：2023年5月第1版

印　　次：2025年1月第2次印刷

书　　号：ISBN 978-7-5674-3143-0

定　　价：59.80元

如发现印装质量问题，请与出版社联系调换。（电话：0451-82113296　82191620）

《交互设计》编写委员会

主　编　刘　强　张文波
副主编　刁礼新　涂光璨　向殊彧　林振文
　　　　黄春梅　王子睿　关志如　王衍睿

前 言

随着科学技术的发展，交互设计越来越受到大家的关注，其应用范围也越来越广泛。在当前的数字化信息时代，交互设计的作用显得越来越重要。20世纪80年代"交互设计"一词被正式提出，近几十年来交互设计得到了快速发展。

交互设计是一门新兴学科，其成长和发展的历史并不长。众多学者和业界人士对交互设计的认识和定义也不同。关于交互设计的领域有许多称呼，例如产品设计、用户界面设计、网页设计、软件设计、体验设计、以用户为中心的设计等。近年来，大家逐渐形成了共识，提倡交互设计这个说法，交互设计正逐渐成为这些术语的统称。

交互设计是多领域、多学科的交叉，包括艺术学、设计学、计算机科学、材料学、信息科学、电子科学、传播学、经济学、工程学、心理学等。它是艺术与科学的结合，是一种建立在技术基础上的、以用户体验为中心的科技与人类之间相互连接的设计。

本书共分九章。第一章是对交互设计的概述，介绍了交互设计、交互设计的发展简史、交互设计的目的和阶段、交互系统及交互设计的发散思维；第二章讲述了交互设计的类别，从电脑软件、网站、移动终端应用、智能家电、车载终端、自助终端及其他智能产品分类进行了归纳；第三章介绍了当前主要的交互技术和四种交互模型；第四章讲述了交互设计的中心环节——用户体验；第五章介绍了影响交互设计的四个因素和八个主要策略；第六章探讨了交互设计与格式塔心理学的联系；第七章介绍了交互设计团队和交互设计师的基本素质；第八章作为本书的关键章节，介绍了交互设计的基本流程和常用方式，包括市场调研、用户研究、信息架构设计、导航设计、原型设计、评估与测试；第九章讲述了交互设计中的可用性设计。

根据党的二十大精神，本书在每一章中都专门设置了课程思政内容，以全面贯彻党的教育方针，落实立德树人根本任务。

本书图文并茂，书中列举了大量图片做说明，生动易懂。本书强调理论与实践相结合，精选了许多相关案例来对理论进行讲解，希望能对交互设计专业的学生、从业人员提供一定的指导和帮助。

本书得以最终出版要特别感谢东北林业大学出版社。由于编者才疏学浅，时间仓促，精力有限，书中难免存在疏漏与不足之处，欢迎各位专家、同仁批评指正。

编 者

目 录

第一章 交互设计概述 / 001

1.1 什么是"交互设计" / 002
1.2 交互设计发展简史 / 004
1.3 交互设计的目的和阶段 / 008
1.4 交互系统 / 009
1.5 交互设计的发散思维 / 010

第二章 交互设计的类别 / 013

2.1 电脑软件 / 015
2.2 网站 / 018
2.3 移动终端应用（App） / 022
2.4 智能家电 / 023
2.5 车载终端 / 024
2.6 自助终端 / 024
2.7 其他智能产品 / 025

第三章 交互技术与交互模型 / 027

3.1 交互技术 / 028
3.2 交互的四种模型 / 036

第四章 用户体验 / 041

4.1 用户体验的概念 / 042
4.2 影响用户体验的有用性分析 / 044
4.3 提升用户体验的几个定律 / 048

第五章
影响交互设计的因素与策略 / 059

5.1 交互设计需要考虑的4个因素　　/ 060
5.2 交互设计常用的8个策略　　/ 067

第六章
交互设计与格式塔心理学 / 081

6.1 格式塔心理学的起源　　/ 082
6.2 交互设计的重要法则　　/ 083

第七章
交互设计团队与交互设计师 / 097

7.1 交互设计团队　　/ 098
7.2 交互设计师的基本素质　　/ 101
7.3 总结　　/ 105

第八章
交互设计的流程 / 107

8.1 市场调研　　/ 108
8.2 用户研究　　/ 112
8.3 信息架构设计　　/ 122
8.4 导航设计　　/ 126
8.5 原型设计　　/ 132
8.6 评估与测试　　/ 135

第九章
可用性设计 / 141

9.1 可用性概念　　/ 142
9.2 可用性设计的原则　　/ 143
9.3 情感化　　/ 150

参考文献　　/ 152

第一章
交互设计概述

> **学习目标**
> （1）掌握交互设计的概念和含义。
> （2）了解交互设计的发展历史。
> （3）掌握交互设计的目的和阶段。
> （4）了解交互设计的系统要素。
> （5）理解交互设计的发散思维。

1.1 什么是"交互设计"

交互设计英文名为Interaction Design。对于交互设计，不同的人有不同的看法，学界对此众说纷纭。"交互设计"是一门新兴学科，其成长和发展的历史并不长，众多学者和业界人士对"交互设计"的认识和定义也不同。要理解什么是"交互设计"，首先需要理解什么是"交互"。

1.1.1 交互

我们先来思考几个问题：原始人手舞足蹈地向同伴描述猎物的大小是不是交互？古代人写了一首诗寄给远方的朋友是不是交互？现代人拿起手机给自己的微信好友发送了一条语音是不是交互？

广义的"交互"指的是人类的交流互动。人与人之间有交互，人与物体之间有交互，它在我们的生活中无处不在。我们说话交谈是交互，我们购物是交互，我们分工合作是交互，我们参加各种活动是交互。哪怕在独处的时候，我们拿起手机娱乐也是交互。

人类自诞生之日起就存在交互。最早的人类会使用肢体动作、表情和简单的发声等方式来进行交互。当猛兽来袭，他们会用吼叫来提醒同伴危险；当描述猎物的大小时，他们会用身体来比比划划；当他们开心或者愤怒时，他们会用面部表情来展现。早期人类交互的手段虽然不多，但也足以使人类在自然界的竞争中保持优势，从而发展出了现在的人类文明。

离开了交互，人类将无法发展和进步。人类的发展历史，从某种程度上来说，也是交互的发展史。早期人类，信息的传播范围仅仅局限于身边、附近；现代人类已经可以向外太空发送和接收信息。这种发展，是一代代人类文明积累的结果，如果没有交互，人类文明将无法积累，我们也无法站在前人的肩膀上去进步。

狭义的"交互"指的是近几十年来兴起的以数字化技术为核心的交流互动。例如操作电脑、平板、手机等。这种交互不仅是人机交互，还包括信息、行为、产品等方面的交互。本书所探讨的交互设计中的"交互"，是指狭义的"交互"。

1.1.2 "交互设计"的概念

关于交互设计的领域有许多称呼,例如产品设计、用户界面设计、网页设计、软件设计、体验设计、以用户为中心的设计等。近年来,大家逐渐形成了共识,提倡交互设计这个说法,交互设计正逐渐成为这些术语的统称。

"交互设计"一词是20世纪80年代由IDEO设计公司的创始人之一比尔·莫格里奇提出的。他把交互设计定义为对产品的使用行为、任务流程和信息框架的设计,实现技术的可用性、可读性以及愉悦感。

美国认知心理学家、计算机工程师、工业设计家唐纳德·诺曼认为:"交互设计超越了传统意义的产品设计,是用户在使用产品过程中能感觉到的一种体验,是由人和产品之间的双向信息交流所带来的,具有很浓重的情感成分。"

詹尼·普瑞斯等认为:"交互设计指的是设计交互式产品来支持人们在日常工作生活中交流和交互的方式。换句话说,交互设计就是创造用户体验的问题以增强和扩充人们工作、通信及交互的方式。"

戴维·凯勒认为:"交互设计是运用你的技术知识,为了让它变得对人们更加有用,去取悦某人,让某人在使用某项新技术时感到激动。我想交互设计是关于如何让技术更加适应人的方式。"

特里·维诺格拉德将交互设计描述为:"人类交流和交互空间的设计","是去设计一种体验的过程,这种方式必须是与人们的生活方式相结合的"。

我们认为:交互设计是一种建立在技术基础上的、以用户体验为中心的、科技与人类之间的连接设计。

对于交互设计的概念,需要从以下几方面去理解:

(1)交互设计具有交叉性、综合性。

交互设计涉及的领域非常广泛,包括设计学、计算机科学、材料学、信息科学、电子科学、传播学、经济学、工程学、心理学等。它是多个领域的交叉和综合运用。单一的知识结构无法满足交互设计的需要。这就要求我们拓展自己的知识面,多涉猎其他学科领域的知识,有综合的思维和能力。例如我们在进行智能手机的交互设计时,既要考虑到手机屏幕的材质,又要考虑到人体手部的特点,同时要根据手机芯片性能、用户的心理等因素来合理地设计App的界面和功能。

(2)交互设计的基础是科学技术的发展。

交互设计学科的产生和发展要归功于科学技术的发展。近几十年现代科学技术的发展催生出了交互设计。有什么样的科学技术，就有与之相适应的交互设计。例如2000年左右，触摸屏技术尚不够成熟，当时的手机采用的是实体按键设计。随着触摸屏技术的发展，现在的手机在设计上大多采用屏幕虚拟按键设计。这一切设计的基础都基于科学技术的发展。

（3）交互设计的中心是用户体验。

交互设计是围绕用户体验来展开的。交互设计解决的问题，从本质上来说，就是用户体验的问题。交互设计存在的价值就是能提供更好的用户体验。判断一个交互设计优劣的根本标准就是看其能否带来良好的用户体验。用户体验是交互设计一切环节的中心，贯穿交互设计的始终。交互设计中的每一步，首先要考虑的就是用户体验的问题。

（4）交互设计是科技与人类之间的连接设计。

随着现代科学技术的发展，人类越来越多地依靠科学技术手段来进行交流互动。科学技术本身是中性的，并不会自动满足人类的各种不同需求，交互设计正是连接科技与人类的设计，研究的是如何把二者更好地连接起来。这种科技与人类之间的连接设计，可能是对产品的设计，也可能是对设备的设计，还可能是对信息传达的设计。

这种连接设计范围很广，IDEO公司交互设计部负责人督恩·贝将它归为以下三大类：通过屏幕的体验，包括网页设计、界面设计、软件设计等；互动产品，包括手机、平板电脑、台式电脑等；服务，包括公司与客户之间的互动等。

"一千个读者眼里就有一千个哈姆雷特"，对于交互设计，一千个人有一千种理解。交互设计的概念并没有一个标准答案，我们要保持开放的心态来学习和研究交互设计，博采众长，为我所用。

1.2 交互设计发展简史

交互设计的发展历史并不长，只有短短几十年的时间。有些学者将20世纪80年代提出"交互设计"一词出现的时间视为交互设计发展的起点，有些学者认为交互设计在此之前已经得到了一定的发展，认为交互设计起源于20世纪初期出现的工业设计。由工业设计引申发展，到20世纪50年代提出了人因工程学，强调以人为核心的理念，再到20世纪80年代提出交互设计。

如果对交互设计的出现做一个略为宽泛的追溯，可以追溯到100多年前出现的一个发明——打字机（图1-1）。它是纯机械结构，可以输入文字，并将文字打印出来。它最经典的地方在于键盘的设计。它以英文字母、数字等符号出现的频率来排列键盘按键，以便更有效率地进行文字的输入；它考虑到人的手指所能覆盖到的距离来合理地安排按键的间隔和大小；它考虑到人类的触觉来设置按键按下和弹起的力度。还有些打印机使用了弯曲的键帽来适应人的手指弧度，显得更人性化。这些设计在一定程度上是和交互设计的某些理念相符合的。

◆ 图1-1　打字机

随着技术的发展，20世纪40年代出现了电子计算机。然而那时的电子计算机体积庞大，重量惊人，应用范围很小，主要用于军事和科研领域。到20世纪70年代，施乐公司开发出了体积较小的个人电脑（图1-2）和图形用户界面（图1-3），计算机才开始在民间得到了广泛运用，交互设计也开始蓬勃发展起来。

◆ 图1-2　20世纪70年代施乐公司
　　　　开发的个人电脑

◆ 图1-3　20世纪70年代施乐公司开发的
　　　　个人电脑图形用户界面

施乐公司开发的个人电脑和图形用户界面在交互设计的发展中起到了非常重要的作用，开创了现代计算机的先河。我们现在使用的个人电脑基本上都沿用着施乐公司个人电脑的基本设计，由键盘、鼠标、显示器、主机等部分组成。而图形用户界面更是具有重大的意义，它将抽象的计算机工具形象处理成容易理解的图形化界面，它使人机交互更加直观、方便、快捷。

此后，各种电脑和软件公司纷纷成立，个人电脑和操作软件极大地丰富起来，出现了很多经典的交互设计产品。例如微软公司的"Windows95操作系统"（图1-4）、苹果公司的"苹果电脑"等。

◆ 图1-4 Windows 95操作系统

20世纪90年代，互联网逐渐发展起来，其前所未有的互动性吸引了大批用户。易于使用和用户需求至上成为此时具有代表性的设计理念。典型案例有电子邮件、BBS、网站等。随着互联网的迅速发展，博客、搜索引擎、社交网络等产品形态逐渐兴起，用户与网络的双向交互变得日益重要。这一时期，交互设计重点转向研究用户的交互行为，用户体验成为基于互联网的产品的生存关键。例如门户网站"搜狐"（图1-5）、社交通信软件"腾讯QQ"（图1-6）等。

◆ 图1-5 门户网站"搜狐"

◆ 图1-6 腾讯QQ登录界面

进入21世纪之后，移动互联网技术快速发展，移动终端和设备得到了快速普及。比较有代表性的产品有触摸屏手机（图1-7）、平板电脑等。各类基于移动互联网的App更是如雨后春笋般出现，并成为当前交互设计的主要领域。抖音、微信、淘宝、推特等都是较为成功的案例（图1-8）。交互设计经过这些年的发展，也逐渐形成了一些共识并明确了其独特的设计领域，交互设计的方法和理论也在逐步地完善。

2003年，世界上第一个交互设计委员会在美国正式成立。2014年，我国成立了"中国工业设计协会信息与交互设计委员会"。目前，设计界对交互设计仍在深入的思考和不断的探索中。

◆ 图1-7 触摸屏手机

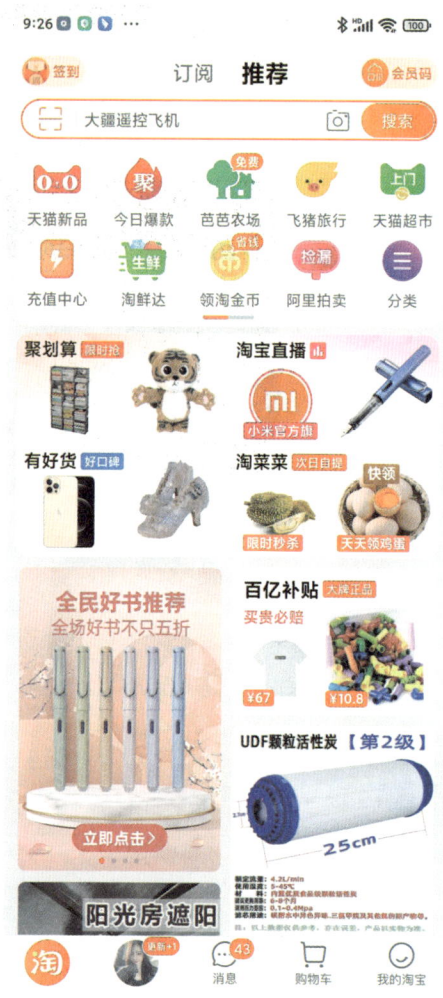

◆ 图1-8 淘宝App

1.3 交互设计的目的和阶段

1.3.1 交互设计的目的

为什么要进行交互设计？因为科技和人类之间需要一道桥梁把它们连接在一起，交互设计的任务就是建造这座桥梁。但是，把科技和人类之间进行连接，只是交互设计的基础目的，我们进行交互设计，还应该去考虑更高层次的目的，那就是情感的交互。最高级的交互，就是情感的交互。能够达到情感的交互，才是一个优秀的交互设计。

由此出发，我们认为交互设计的目的是在科技和人类之间进行连接，更好地满足用户的需求，营造良好的用户体验，乃至达到情感的交互。

1.3.2 交互设计的阶段

交互设计主要包括四个阶段。

（1）需求发现。这个阶段要研究目标用户对产品的需求，包括功能需求、数据需求、环境需求、可用性需求、体验需求等。这个阶段需要明确产品的核心价值。需求必须是有价值的实际需求，不能是臆想的需求。

（2）方案设计。这个阶段要找出清晰的、概念化的设计解决方案，设计产品的概念模型，设计整体的视觉化概念形态，并进一步考虑到一些关键问题和细节，对比分析实现的途径和可能性，进行总体规划，形成一个或者多个可行的方案。

（3）构建原型。这个阶段要根据方案设计来构建原型。原型是对产品的略微粗放的表现。构建原型是为了发现问题，逐步接近最终产品。原型具有最终产品的大部分功能，能够实际运行并使用，不再是停留在纸面上的概念，在细节上也会得到一定的表现，从而使开发者对产品有直观、客观和全面的认识。原型经过评估和修改，不停迭代，形成最终产品。

（4）评估和测试。这个阶段要对构建的原型进行评估和测试，发现问题及时反馈至前面的环节进行修改。通常使用的评估类型有快速评估、可用性测试、实地研究、预测性评估等。设计评估可以由内部人员进行，也可以由外部人员进行。一般会进行多次多轮的评估，以便使产品达到预期效果。

这四个阶段之间是相互联系并且重复进行的。例如，对所设计的方案进行可用性评估将能提供一些反馈信息，如哪些内容必须进行修改或哪些需求尚未得到满足，反馈到前几个阶段进行修改。修改之后，再次评估测试。

1.4 交互系统

关于交互系统的组成元素和结构，学界有不同的看法。较有影响的有四要素和五要素两种看法。

1.4.1 四要素系统

大卫·贝尼昂认为交互系统是由人、人的行为、场景、支持行为的技术这四个要素组成的。

在交互系统中各个要素是相互关联、相互影响的。人们总是在一定的场景中使用技术采取行动。在这个过程中，人是交互的主体，人的行动是为了某些需求在一

定的场景下采取的行为。系统的行为是建立在技术提供的可能性上的行为，行为或者行动受到技术的制约或者影响。技术的发展会使人的行为发生改变。

田蕴认为在大卫·贝尼昂的四要素交互系统中，人处于系统的中心位置，起主导作用，人的交互行为与技术的支持有关，同时又受到场景的影响。从产品设计的角度也可以把技术这一要素改为产品，因为产品可以认为是技术的物化形式，是技术以一定的形态和功能的形式反映到产品上的具体表现。人的要素也可以更加精确地描述为用户，使之与产品对应。

1.4.2 五要素系统

李世国等认为交互系统是由人、人的行为、产品使用时的场景、产品中融合的技术、最终完成的产品这五个要素组成的。

人：在系统中与产品进行互动的对象，即用户。

人的行为：指人使用产品在交互系统环境中的动作行为和产品的反馈行为。产品支持的行为主要是由产品的功能决定的。

产品使用时的场景：在交互系统中行为发生时的周围环境、行为与场景密切相关。交互系统中的场景可分为物质和非物质场景两大类。

产品中融合的技术：支持交互行为和实现产品功能所需的技术，包括硬件和软件技术。

最终完成的产品：在系统中为用户提供服务的物体。

1.5 交互设计的发散思维

交互设计和社会、经济紧密联系，我们在进行交互设计时不要仅局限于交互设计这一环节，要站在全局的高度，多角度去考虑整个项目背后的本质、商业逻辑和全流程。另外，我们一定要多了解科学技术方面的前沿发展，如电子技术、互联网、人工智能等。这就要求我们具备发散思维。

1.5.1 产品思维

产品思维要求我们站在产品经理的角度去考虑商业与交互设计的关系。交互设计的产品是为人服务的，需要创造一定的商业价值，商业模式是交互设计必须考虑的一部分。

例如苹果公司，它所做的不仅是为新技术提供时尚的设计，还把新技术与卓越的商业模式结合了起来。它打造了一个新的商业模式,将硬件、软件和服务融为一体。这种模式对价值进行了全新的定义,并为客户提供了前所未有的便利,为苹果公司持续盈利奠定了基础。

1.5.2 数据思维

数据思维要求我们考虑信息与交互设计的关系。无论是功能性产品还是信息型产品,信息都是交互设计重要的组成部分。如何获取、整合、组织和表达信息是非常重要的方面。

随着云计算与大数据时代的到来,我们可以通过各种方式收集数据。大数据的战略意义在于对庞大数据进行专业化的处理,可以精准地定义用户画像,更深入地了解用户需求,进行有针对性的设计,安排合理的内容、功能规划和信息架构,改善交互设计的体验。同时,帮助用户获取、使用、处理、传播信息,提供更好、更有效的信息管理。

1.5.3 传播思维

传播思维要求我们考虑媒体传播与交互设计的关系。交互设计所依赖的载体和表现形式是多样化的,有各种媒介,如网站、应用程序、App等软件,电脑、手机、电视等硬件。交互设计产品与服务必须考虑媒体的传播形态及品牌推广,同时要考虑到交互设计产品的多平台迁移与运行的问题、传播环境与生态的问题。

交互设计虽然起源于国外,但在我国发展迅速,为我国的经济发展和建设做出了不小的贡献。交互设计在筑牢中华民族共同体意识和中华民族伟大复兴的道路上都有很大的用武之地。比较典型的案例有学习强国App、国家反诈中心App等。同学们要积极地运用交互设计促进社会发展,为实现中国梦而奋斗。

作业与思考

1. 你认为交互设计是什么?
2. 你认为什么是好的交互设计?请举例说明。
3. 举例说明交互设计对国家发展和建设的作用。

第二章
交互设计的类别

学习目标

（1）了解交互设计的各种类别。
（2）了解交互设计目前常见的载体与形式。
（3）掌握交互设计不同类别的基本特点与针对性设计。

交互设计的类别比较丰富，当前诸多的设计细分领域都可以归纳到交互设计中，如电脑软件设计、网站设计、App设计、智能家电交互设计、车载终端交互设计、自助终端交互设计、智能产品交互设计等。

随着科学技术的发展，交互越来越普遍，交互设计的范围也越来越大，交互设计的类别也不断增加。这些细分领域不同类别的交互设计都有自身的特点，也有较为明显的差异。因此，在设计时，即便是对相同的主题和内容，不同类别的交互也应当进行有针对性的设计，有所区别。例如网络购物平台京东商城在电脑网站和手机App的设计上就有很大的区别（图2-1、图2-2）。

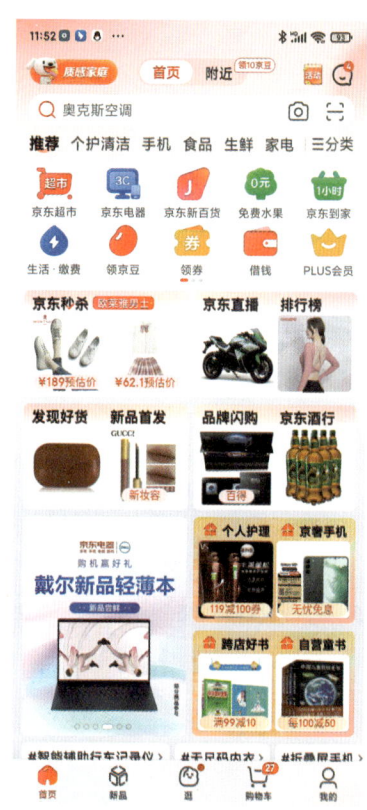

◆ 图2-1 京东商城网站　　　　　◆ 图2-2 京东商城App

之所以说电脑网站和手机App在设计上有如此大的区别，是因为电脑和手机两个媒介载体有很大的不同。电脑有宽大的屏幕，一般是横屏，有鼠标和键盘等输入设备，因此，在网站页面上可以把功能设定得复杂完整。而手机的屏幕比电脑小得多，一般是竖屏，屏幕呈现的信息有限，功能上就比较精简突出。这就是不同类别的交互设计的不同特点。

2.1 电脑软件

电脑又叫计算机，电脑软件又叫计算机程序。在电脑上运行着很多的软件，这些软件需要进行交互设计。电脑软件是交互设计早期最主要的对象。电脑软件分为系统软件和应用软件两大类。系统软件是基础，应用软件在系统软件的基础上运行。前面章节中提到的Windows操作系统就属于系统软件（图2-3），而WPS文档（图2-4）、360浏览器等属于应用软件。

◆ 图2-3　Windows操作系统

◆ 图2-4　WPS文档软件

阿兰·库珀把电脑软件分成三种类型：独占式、暂时式和后台式。这三种类型的软件，其产品行为特征、用户行为特征都各不相同，因此，在设计上也各不相同。

2.1.1 独占式软件

独占式软件是指长时间占据电脑屏幕和使用者注意力的软件。目前大部分电脑应用软件都属于独占式软件。这类软件功能比较多，操作比较复杂。这类软件一般会占满整个屏幕，因此，它可以提供充分的视觉反馈。独占式软件可以在界面中提供数据状态、系统状态和行为状态等信息，保证用户对于操作的充分认知和了解。例如图形处理软件Photoshop、视频编辑软件Premiere、办公软件Office、三维动画制作软件MAYA、微软画图软件（图2-5）等。

◆ 图2-5 微软画图软件

独占式软件的操作手段比较多，既可以直接在软件工作区中进行选择、移动、修改等操作，也可以通过对话框、选项卡等方式进行操作，还可以运用键盘上的快捷键进行操作。

在设计独占式软件时，要注意操作空间布局的合理性。目前通用的做法是在屏幕的四周分布操作控件，同时根据用户的认知习惯进行功能分区设计。例如三维制作软件3ds Max的菜单栏布局在界面上端（图2-6），并按照功能进行分类排列。工作区布局在界面中间，以便于操作和视觉反馈；工具栏和选项卡在工作区的上部、左侧、右侧进行分布；底部布置状态显示与提示栏等。不同位置分布不同的控件，让用户精确有效地认识到它们的不同用途。

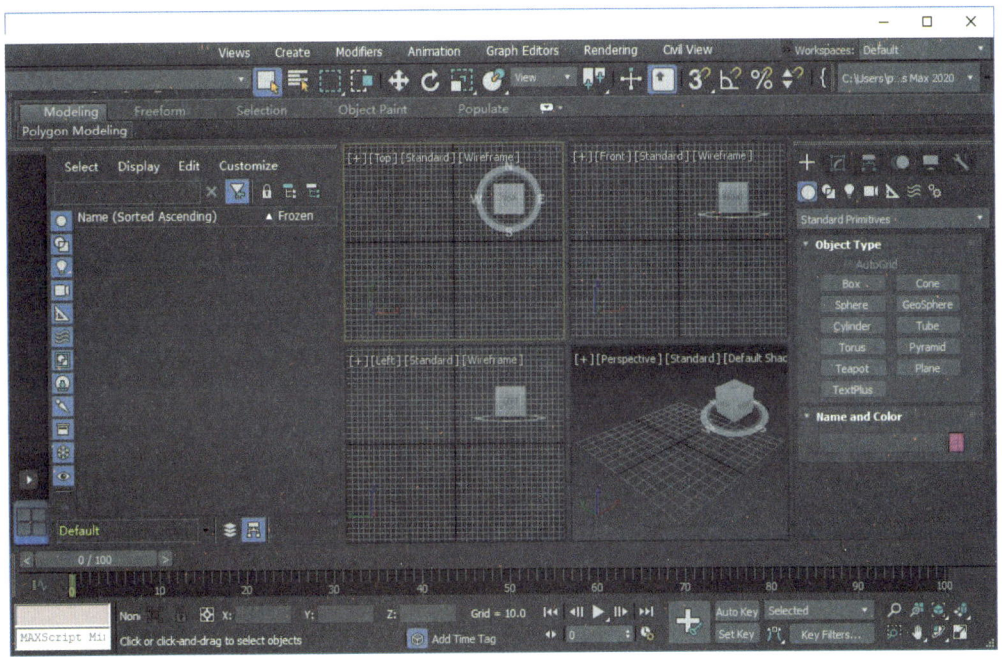

◆ 图2-6　3ds Max软件

2.1.2 暂时式软件

　　暂时式软件指的是出现时间较短，占用用户时间较少，只在需要时被调用、出现并完成任务，然后可以关闭的软件。这类软件一般功能比较单一，不会占据整个屏幕，多以小窗口的形式出现。

　　暂时式软件有的是独立的软件，可以单独运行，例如Windows操作系统中的网络设置（图2-7）；也有的是支持主程序的软件，需要依附于主程序来运行，例如在Word软件使用文件浏览器，就是辅助支持的暂时式软件。

　　暂时式软件因为使用时间较短，用户熟悉时间较少，在交互设计时应当使界面布局简

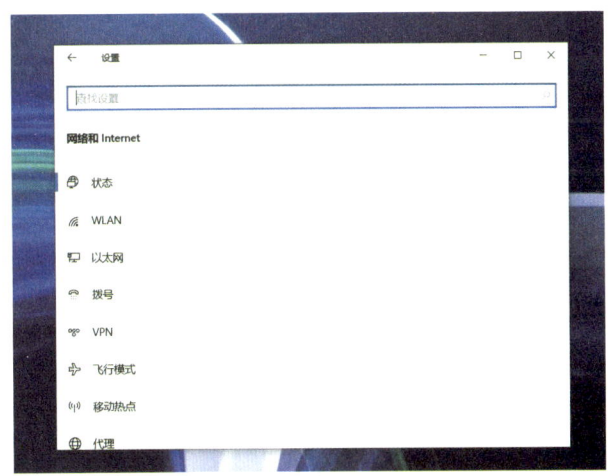

◆ 图2-7　Windows操作系统中的网络设置

单、明确，使界面元素具有较强的指示性，信息和功能直接显示在单个窗口上，集中用户的注意力，信息显示要清晰，标题信息表达要避免歧义，以便用户快速地做出判

断和操作。可以强化视觉设计风格，用丰富的视觉设计来吸引用户快速定位，提高效率。软件窗口可以自由移动，窗口的大小一般能进行调整，以便调和与其他软件发生遮挡的冲突。软件一般还要能记住用户的选择，再现用户设置的参数信息。

2.1.3 后台式软件

后台式软件是指隐藏在后台运行、服务的软件。它不需要用户干预或与用户互动就可以完成指定的任务。很多系统软件、大多数黑客软件和病毒软件都属于后台式软件。

这类软件一般被调用的次数比较少，运行具有隐蔽性，平时不会被用户注意到。但其运行时间往往比较长，会伴随着系统启动或者特定的操作而运行。有的不需要用户调用，可以自动运行，这类程序的功能更加简单，界面更加精简和直接，交互更加直白（图2-8）。

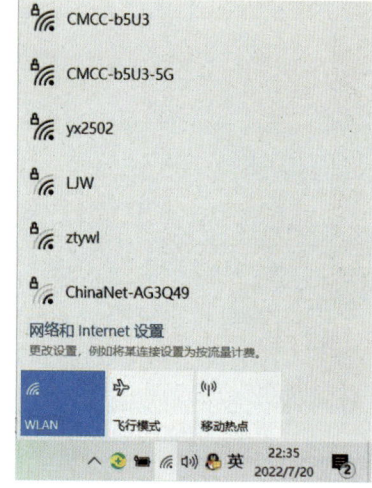

◆ 图2-8　无线网络后台运行

2.2 网站

网站是由众多网页集合而成的。这些网页按照一定的顺序或者结构组织起来，通过设置链接来实现不同网页之间的跳转。网站的交互可以通过点击鼠标、地址栏输入网址等方式来实现。导航条、菜单、超级链接、热区、按钮等元素运用较多。网站一般都可以占据整个屏幕，并根据浏览器的设置而进行不同比例大小的显示。因此，网站在功能和视觉的设计上更加丰富、多样。

网站类产品所面对的客户群非常广泛，通过互联网可以覆盖全球用户。网站的用户具有以下几个特点：用户群体广泛而且分散，存在较大的差异性；用户浏览时间短暂且不确定，具有很大的跳跃性。

网站的分类方式非常多，比如可以按用途、功能或网站的持有者等来分类。

根据网站所用编程语言可以分为：asp网站、php网站、jsp网站、Asp. net网站等。

根据网站的用途分类可以分为：门户网站（综合网站）、行业网站、娱乐网站、社交网站等。

根据网站的功能可以分为：单一网站（企业网站）、多功能网站（网络商城）等。

根据网站的持有者可以分为：个人网站、商业网站、政府网站、教育网站等。

根据网站的商业目的可以分为：营利性网站（行业网站、论坛）、非营利性网站（企业网站、政府网站、教育网站）。

不同类型的网站有不同的设计特点，下面举例说明。

2.2.1 门户网站

门户网站又叫综合网站，它是一个大型的包含了众多功能、涉及领域广泛的网站，如新浪、搜狐、网易（图2-9）等。门户网站的综合性比较强，以提供信息资讯为主，对信息的分类比较清晰而且齐全，一般都会在首页上部提供细分领域的导航条或者链接，能帮助用户快速找到需要的信息，具有较强的信息整合能力。

◆ 图2-9 网易网站首页

2.2.2 个人网站

个人网站的类型很多，有的是为了展示自我，有的是为了创业，因此，个人网站没有什么特定的限制，形式灵活多样，内容丰富多彩，可以自由发挥自己的创意和潜能，以任意的表现形式传达自己的爱好和观点，最大限度地发挥设计师的设计手法，从而展示其实力和设计思想。

个人网站在导航设计上要尽量清晰明了、布局合理、层次分明，页面链接层次不要太深，尽量让用户在短的时间内找到需要的资料。要保持统一风格，有助于加深访问者对网站的整体印象，色彩要和谐、重点突出（图2-10）。

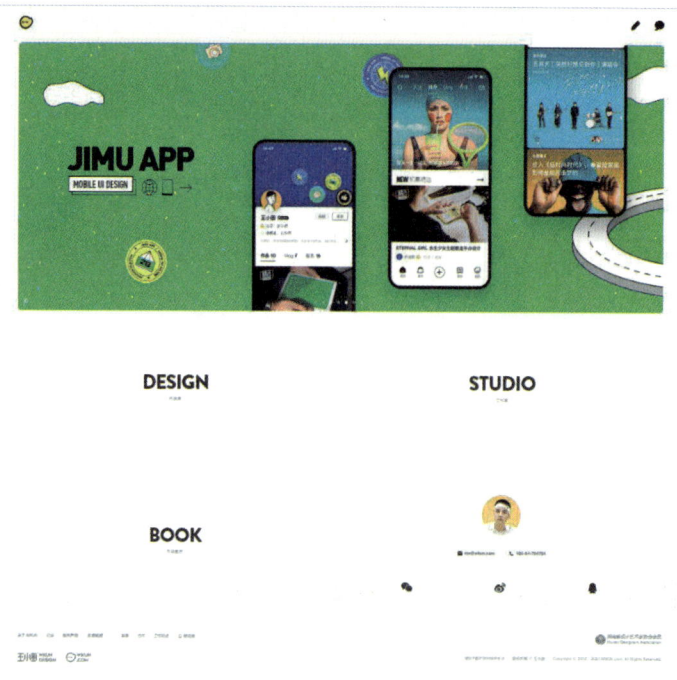

◆ 图2-10 个人网站

2.2.3 企业网站

企业网站能为企业起到重要的展示信息、吸引客户的作用。企业网站是企业在互联网上进行网络营销和形象宣传的平台，相当于企业的网络名片，不但对企业的形象是一个良好的宣传，同时可以通过网络直接帮助企业实现产品的销售，企业可以利用网站来进行宣传、产品资讯发布、招聘等。个性化的企业品牌网站对客户吸引力更强，企业网站也往往做得很有特色。

例如苹果公司网站采用极简化设计（图2-11），开放式的空间让用户感觉更加轻松，也使得其中展现的内容更容易被聚焦。极简化的页面中加入不多的几个并列内容层，让信息更有层次，也使得极简的页面拥有了细节。表面看很简单，从头部设计到底部设计再到内空区域设计，给人干净

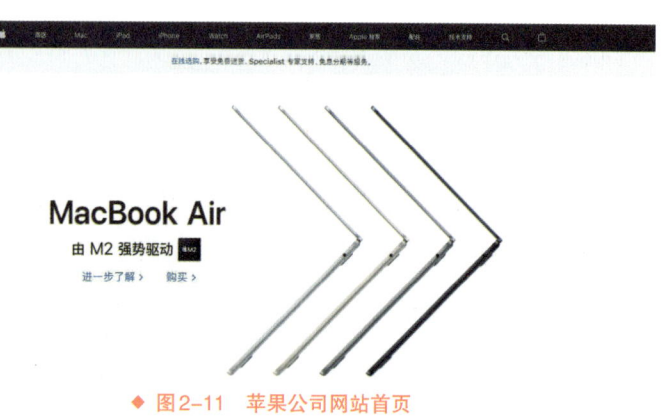

◆ 图2-11 苹果公司网站首页

清爽的感觉。它所表达的意义就是，苹果是做什么的、有哪些信息、品质如何、请依次选择。首页大 Banner 设计就是主打的明星产品设计主图与文字元素设计，然后底部设计布局的网站地图一目了然。

2.2.4 电子商务网站

电子商务网站是利用互联网从事商务贸易的网站。电子商务网站可以细分成三大类：B2C（商家对个人）、B2B（商家对商家）、C2C（个人对个人）。这类网站提供商品信息，并可以对商品信息进行搜索，具有商品展示与销售功能，一般也提供购物车、结账支付、客户服务等功能。在设计上更加注重消费者心理，对表现商品细节较为重视，提供多层次入口和模块化的功能，对商品类别进行了细分，用户使用更加方便快捷。例如淘宝网（图2-12）、京东商城、当当网、亚马逊等。

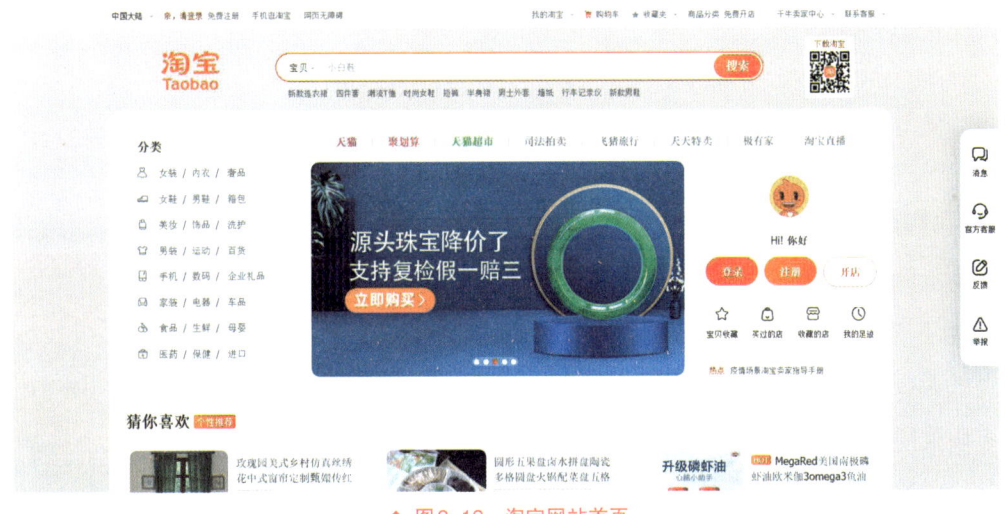

◆ 图2-12 淘宝网站首页

2.2.5 娱乐网站

娱乐网站是以休闲娱乐为主的网站，相比其他网站而言，有其独特的一面。这一类型的网站会采用文字、图片、动画、视频、音频等多媒体形式，展现网站的风格与内容，在设计上会以凸显本身个性为重点，例如色彩上更加绚丽。网站的互动性与及时性比较强，内容的丰富性、色彩的多样性以及整个网站的娱乐性比较突出。例如哔哩哔哩、爱奇艺（图2-13）等网站。

◆ 图2-13 爱奇艺网站

2.3 移动终端应用（App）

移动终端应用（App）主要是指智能手机和平板电脑上的App。移动终端是一个综合信息处理平台，配置了无线网络、触摸屏、多点触控、卫星定位、摄像头、重力感应等。移动终端便于携带，适用于多场景使用。App的功能和种类也十分丰富，可以说是当前交互设计的主要领域。根据适用于不同的平台，通常有iOS App、Android App、Windows Phone App等种类。

App通常为竖屏设计，有些App需要进行横屏和竖屏的切换，尺寸比电脑软件要小很多，在布局上显得比较精练，重点突出，以内容为核心，对屏幕的利用率较高。App考虑到主要是利用手指进行触屏交互，会对图标、按钮等元素进行有针对性的设计，操作上比较简单直接，易于使用。如拼多多（图2-14）、百度、腾讯QQ等App。

因为移动终端的特殊性，瑞切尔·辛曼针对移

◆ 图2-14 拼多多App

动终端的交互设计提出了五大模式：

（1）云和应用作为设定点；

（2）渐进式体验；

（3）内容即界面；

（4）使用移动设备独有的输入机制；

（5）探索可能性优于完成任务。

这五大模式可以在进行App交互设计时加以借鉴。

2.4 智能家电

智能家电是将微处理器、传感器技术、网络通信技术引入家电设备后形成的家电产品，具有自动感知住宅空间状态和家电自身状态、家电服务状态，能够自动控制及接收住宅用户在住宅内或远程的控制指令；同时，智能家电作为智能家居的组成部分，能够与住宅内其他家电、设施互联组成系统，实现智能家居功能。

常见的智能家电有智能电视、智能冰箱、智能空调、智能洗衣机、智能镜等。其中智能电视在交互设计上有较多的案例。智能电视良好的交互设计可以大大提升用户体验。例如小米智能电视（图2-15）、创维智能电视、海尔智能电视等。

◆ 图2-15 小米智能电视主界面

智能电视基于其观看距离的原因，需要使用遥控器来进行操作。因此，在进行智能电视的交互设计时，对配套的遥控器也要予以考虑。

2.5 车载终端

随着科技的发展，车载终端越来越智能化，车载终端的交互设计也越来越重要。尤其在当前新能源汽车兴起的情况下，车载终端在交互设计上有更广泛的需求。汽车信息模型已经从单一的车况和行车信息逐步发展成包括汽车信息、车与车之间的信息、车与环境的信息、消费娱乐信息、日常交流信息在内的综合信息模型。车载终端已经成为一个功能丰富而又个性化的交互平台。

在车载终端的设计上，因为汽车空间的特殊性，以及驾驶场景的安全要求，要保证在安全驾驶的基础上，提供尽可能简单的交互方式。交互设计应当让驾驶员手离开方向盘的时间尽可能短。屏幕布局要保持一致，让驾驶员有一致的方向感和稳定感。按钮或者菜单要指示明确、意思清楚，层级不要太多，方便驾驶员快速选择，不过多分心。例如特斯拉汽车终端（图2-16）、宝马汽车终端、理想汽车终端、小鹏汽车终端等。

◆ 图2-16 特斯拉汽车终端

2.6 自助终端

自助终端是广泛应用在公共或者特定场所的，提供服务或者业务办理的机器终端。自助终端的种类非常多，例如自动售货机、自动售票机、ATM取款机、自助缴费机、自助查询机等。自助终端的应用场景也非常广泛，在银行、医院、车站、商场、酒店、博物馆、行政服务中心等场所广泛应用（图2-17）。

自助终端的设计要兼顾高效性与安全性，考虑到通用设计与无障碍设计；要重点考虑新手用户的使用，保证产品易于学习；要有效防止误操作，尽量避免使用复杂交互；要简化输入，保证功能对应。适当地使用声音反馈，来提示用户当前的操作状态。

◆ 图2-17　酒店自助终端

2.7　其他智能产品

在我们的生活中智能产品越来越普及，越来越常见，而且深入我们生活的细节之中。智能产品实现了多功能，并能为用户提供多种体验。它们利用从操作环境中获得的数据实现自我适应的功能，取代过去单一的机械性能。交互成为智能产品不可缺少的功能。这些智能产品需要根据使用场景和需求，有针对性地进行交互设计。

例如苹果公司的智能手表（图2-18），支持接打电话，语音回短信，连接汽车，查询天气、航班信息，地图导航，播放音乐，测量心

◆ 图2-18　苹果智能手表

跳、计步等几十种功能，是一款全方位的健康和运动追踪设备。它在交互设计上秉承了苹果系列产品的风格和规范，并能无障碍地和其他苹果设备进行数据的共享和传递。这款产品不仅具有手表的一般功能，更具有较强的交互功能。

在"一带一路"沿线，微信、支付宝等App受到了当地民众的欢迎。我国优秀的交互设计产品不仅满足了我国人民群众的需要，更走出国门，扩大了国际影响力，这是中国经济发展和实力的展现。

1. 电脑软件和手机App在交互设计上有什么区别？
2. 你使用过什么智能家电？请谈谈使用后的感受。
3. 你手机上最常用的App是什么？为什么最常用它？

第三章

交互技术与交互模型

> **学习目标**
> （1）知道当前主要的几种交互技术。
> （2）了解当前几种主要交互技术的特点。
> （3）掌握目前常用的几种交互模型。

技术在交互设计中的地位和重要性不言而喻。现代科学技术是交互设计产生的前提条件。交互设计是建立在一定的交互技术基础之上的。依据交互技术，产生了不同的交互模型。随着现代科学技术的发展，交互技术和交互模型也经历了快速的发展和变化。

3.1 交互技术

按照当前科学技术发展的程度，目前主要的交互技术有触控技术、语音识别技术、体感技术、虚拟现实技术、增强现实技术、物联网技术、人工智能技术等。

3.1.1 触控技术

触控技术是以触摸面板为载体，用户可以直接用手指在面板上进行交互的技术。触控技术摆脱了对键盘鼠标等外部输入设备的依赖。触控技术分为单点触控和多点触控。单点触控技术只能识别和支持每次一个手指的触控、点击，若同时有两个以上的点被触碰，就不能做出正确反应。而多点触控技术则把任务分解为两个方面的工作，一是同时采集多点信号，二是对每路信号的意义进行判断，也就是所谓的手势识别，从而实现屏幕同时识别多个手指做的点击、触控动作（图3-1）。

◆ 图3-1 屏幕的多点触控

目前多点触控技术是主流。多点触控技术始于1982年由多伦多大学发明的感应食指指压的多点触控屏幕。2007年，"苹果"公司及"微软"公司分别发布了应用多点触控技术的产品、专利及计划，此后该技术开始广泛应用。多点触控技术是屏幕操控的全新方式，带来了全新的交互体验，它有很多的优势。

（1）操作方式多样、灵活。

用户可以一个手指操作，也可以多个手指操作。可以运用单击、双击、平移、按压、滚动以及旋转等不同手势触摸屏幕，实现随心所欲的操控。

（2）操作简单直观。

无论是老人还是儿童，都可以轻松上手，几分钟内就可以学会各种操作。无须烦琐的操作，只要在屏幕上轻轻一按，即可实现交互。复制、粘贴、删除、旋转、放大、缩小等操作也同样快捷简单，高效易用。

（3）娱乐性强。

多点触控技术应用于娱乐方向，可以说是一大主流，例如可以使用多点触控技术在屏幕上模拟弹钢琴，还可以进行对战游戏，多人同时在屏幕上操作等。这种技术大大拓展了屏幕交互的空间和效率，使用户娱乐时体验更好（图3-2）。

◆ 图3-2 多人对战游戏

3.1.2 语音识别技术

与机器进行语音交流，让机器明白你说什么，这是人们长期以来梦寐以求的事情。语音识别技术就是让机器通过识别和理解过程把语音信号转变为相应的文本或命令的技术。

语音识别技术的应用可以分为两个发展方向：一个方向是大词汇量连续语音识别系统，主要应用于听写记录，以及与电话网或者互联网相结合的语音信息查询服务系统；另外一个重要的发展方向是小型化、便携式语音产品的应用，如无线手机上的拨号、汽车设备的语音控制、智能玩具、家电遥控等方面的应用。

很多智能设备都支持用语音识别技术进行交互，例如智能音箱天猫精灵（图3-3）。它让用户以自然语言对话的交互方式，实现影音娱乐、购物、信息查询、生活服务等功能性操作，成为消费者的家庭助手。

◆ 图3-3 智能音箱天猫精灵

在手机中语音助手已经成为标配，例如苹果手机中的"Siri"（图3-4）。用户可以通过利用Siri查找信息、拨打电话、发送信息、获取路线、播放音乐、查找苹果设备等。Siri可以支持自然语言输入，并且可以调用系统自带的天气预报、日程安排、搜索资料等应用，还能够不断学习新的声音和语调，提供对话式的应答。

很多App中也内置了语音控制功能。例如百度地图中的智能语音助手"小度"（图3-5）。小度可以在驾车等各种场景中完成语音的准确唤醒和精准识别。通过自然语言处理、知识图谱、深度学习等AI技术的深入结合和大数据积累，在"听清"和"听懂"复杂、口语化语音指令的基础上，满足用户查路线、搜周边、问天气等出行需求。除此之外，这背后还有百度地图丰富的POI以及大数据能力，无论是美食、酒店、景点还是娱乐休闲，都可以通过地图进行搜索。

◆ 图3-4 Siri界面

3.1.3 体感技术

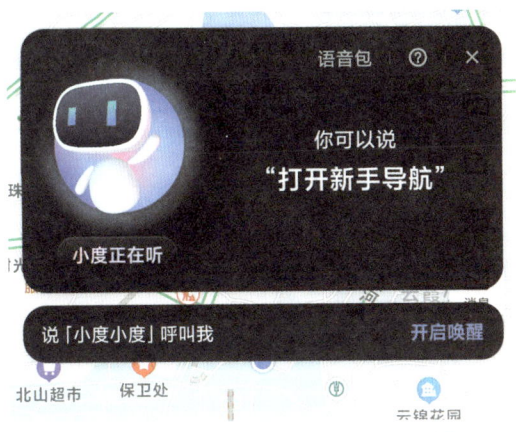

◆ 图3-5 百度地图智能语音助手"小度"

体感技术是人们可以很直接地使用肢体动作,与周边的装置或环境互动,而无须使用任何复杂的控制设备,便可让人们身临其境地与内容做互动的一种技术。人们做出动作,体感设备就可以感知到动作,从而产生互动效果。

目前的体感技术,依照体感方式与原理的不同,主要可分为三大类:惯性感测、光学感测以及惯性和光学联合感测。

惯性感测是以惯性传感器为主(如用重力传感、陀螺仪以及磁传感器等)来感测使用者肢体动作的物理参数,再根据这些物理参数来求得使用者在空间中的各种动作。例如任天堂游戏公司出版发行的游戏《健身环大冒险》(图3-6)。玩家可使用健身环及腿部固定带来识别自己的动作,一边健身一边在游戏中冒险。健身环是可复位的、以双手握持操作的圆环状控制器,它拥有精密的"力学传感器",可感应推压和拉开的力道。另外健身环的动作传感器和陀螺仪传感器让健身环可感应各种动作。腿部固定带中的手柄也有动作传感器和陀螺仪传感器,将固定带绑在左侧大腿上使用,可感应踏步和屈膝等下半身动作。

◆ 图3-6 健身环大冒险

光学感测主要是通过光学传感器获取人体影像及动作,再将此人体影像的肢体动作与设备及其内容互动。这种方式人们甚至不用直接接触任何设备,仅在特定的区域内做出动作,就可以被光学传感器感知到。例如小度添添智能镜(图3-7),就是利用的光学感测,使游戏内容与我们的动作互动。

惯性及光学联合感测同时利用惯性和光学两种方式来感测人体动作。例如索尼公司在2010年推出游戏手柄Move(图3-8),主要配置包含一个手柄及一个摄像头,手柄包含重力传感器、陀螺仪以及磁传感器,摄像头用于捕捉人体影像,结合这两种传感器,便可侦测人体手部在空间中的移动及转动。

◆ 图3-7　小度添添智能镜

◆ 图3-8　索尼公司游戏手柄Move

3.1.4　虚拟现实技术

虚拟现实技术(简称VR)又称虚拟环境、灵境技术或人工环境,是指利用计算机生成一种可对参与者直接施加视觉、听觉和触觉感受,并允许其在虚拟环境中交互地观察和操作的技术。

《中国电力百科全书》归纳了虚拟现实技术的主要特征,主要有以下四点:

(1)多感知性。

所谓多感知是指除了视觉感知之外,还有听觉感知、力觉感知、触觉感知、运动感知,甚至包括味觉感知、嗅觉感知等。理想的虚拟现实技术应该具有一切人所具有的感知功能。由于相关技术,特别是传感技术的限制,目前虚拟现实技术所具有的感知功能仅限于视觉、听觉、力觉、触觉等几种。

（2）沉浸感。

沉浸感又称临场感或存在感，指用户感到作为主角存在于模拟环境中的真实程度。理想的模拟环境应该使用户难以分辨真假，使用户全身心地投入到计算机创建的三维虚拟环境中，该环境中的一切看上去是真的，听上去是真的，动起来是真的，甚至闻起来、尝起来等一切感觉都是真的，如同在现实世界中的感觉一样。

（3）沉浸感。

沉浸感指用户对模拟环境内物体的可操作程度和从环境得到反馈的自然程度（包括实时性）。例如，用户可以用手去直接抓取模拟环境中虚拟的物体，这时手中有握着东西的感觉，并可以感觉物体的重量，视野中被抓的物体也能立刻随着手的移动而移动。

（4）构想性。

构想性又称为自主性，强调虚拟现实技术应具有广阔的可想象空间，可拓宽人类的认知范围，不仅可再现真实存在的环境，也可以随意构想客观不存在的甚至是不可能发生的环境。

目前市面上推出了很多虚拟现实产品，其中常见的是头戴式虚拟产品，通过虚拟眼镜来营造虚拟世界的沉浸感。有些产品还配有体感手柄等配件，以加强互动感（图3-9）。

◆ 图3-9 Pico Neo3 VR一体机

3.1.5 增强现实技术

增强现实技术（简称AR）是虚拟现实技术中的一个特殊种类。它和一般的虚拟现实不同的是：它和现实环境紧密结合，在现实环境的基础上叠加了虚拟景象，将现实环境和虚拟景象无缝衔接在一起。用户既可以看到真实世界，也可以看到虚拟世界。

例如微软发布的全息眼镜Hololens（图3-10）很成功地将虚拟和现实结合起来，并实现了很好的互动性。它的镜片是透明的，并不会阻挡用户观察到眼前的现实景象。它利用投影技术，在用户看到的现实景象中叠加上立体的信息。而这种信息只有用户自己才能看到,其他人是看不到的。在外人看来,用户只是戴了一个较大的眼镜。

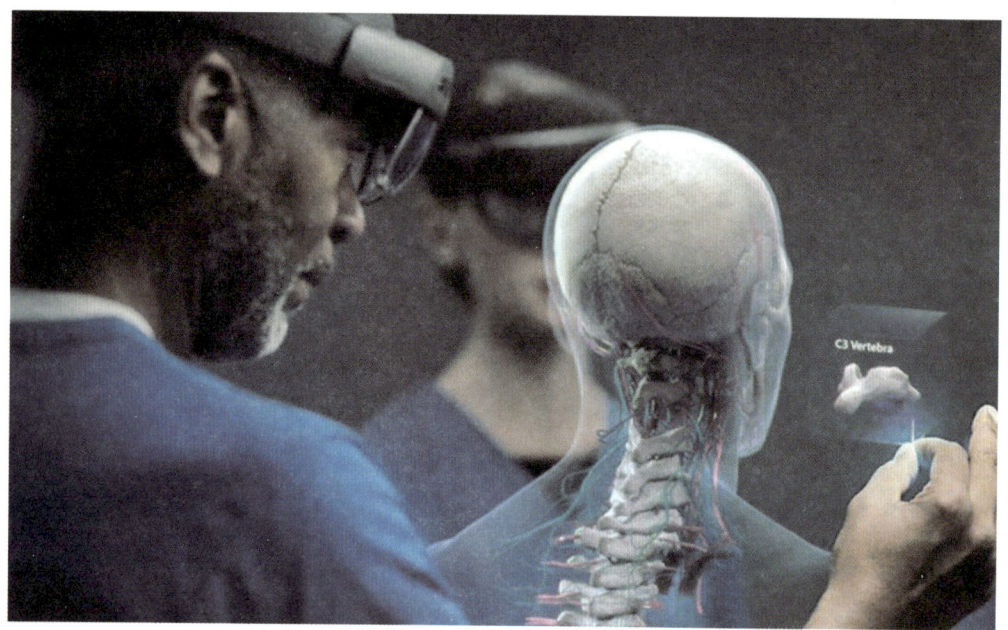

◆ 图3-10　全息眼镜Hololens

很多增强现实技术则充分地利用了现有的智能设备,通过应用软件来实现增强现实的效果,例如一些街景的增强现实(图3-11)。当你把手机镜头对准街道时,软件会在实景图像上叠加相应的信息,例如哪里是银行,哪里是餐厅,距离有多远,你的行走方向和路线等。

◆ 图3-11　街景的增强现实

3.1.6 物联网技术

物联网技术是把物和物相连的技术，以及无处不在的终端设备和设施通过各种通信网络，从而实现互联互通。它从本质上来看是信息技术发展到一定阶段后出现的一种聚合性应用和技术提升，目的是创造一个智慧的世界，因此也被称为第三次信息技术革命。

智能家居是物联网技术应用的一个典型。智能家居通过物联网技术将家中的各种设备连接到一起，提供家电控制、照明控制、室内外遥控、环境监测等多种功能。用户可以身在异地用移动智能终端（如手机等）来控制和查看家居情况，随时、方便、快捷地对家中各种设备进行操作。例如在下班时，可以提前打开家中空调，这样到家时正好室温合适。智能家居往往会由一个App来统一控制家中所有设备。例如小米旗下的米家App（图3–12）。

◆ 图3–12　米家App

3.1.7 人工智能技术

美国麻省理工学院的温斯顿教授认为："人工智能就是研究如何使计算机去做过去只有人才能做的智能工作。"人工智能是研究使计算机来模拟人的某些思维过程和智能行为（如学习、推理、思考、规划等）的学科，主要包括计算机实现智能的原理、制造类似于人脑智能的计算机，使计算机能实现更高层次的应用。百度（图3–13）、阿里巴巴、腾讯、谷歌等公司都积极开展了人工智能技术的研究和应用。

人工智能技术的发展，使得交互更加具有想象的空间。人工智能技术让交互变得更加自然和简单。例如具有人工智能的汽车自动驾驶系统、具有人工智能的智能机器人等。随着人工智能技术的发展，未来还可能出现新的交互方式，人们在交互过程中的体验将会更加美好。

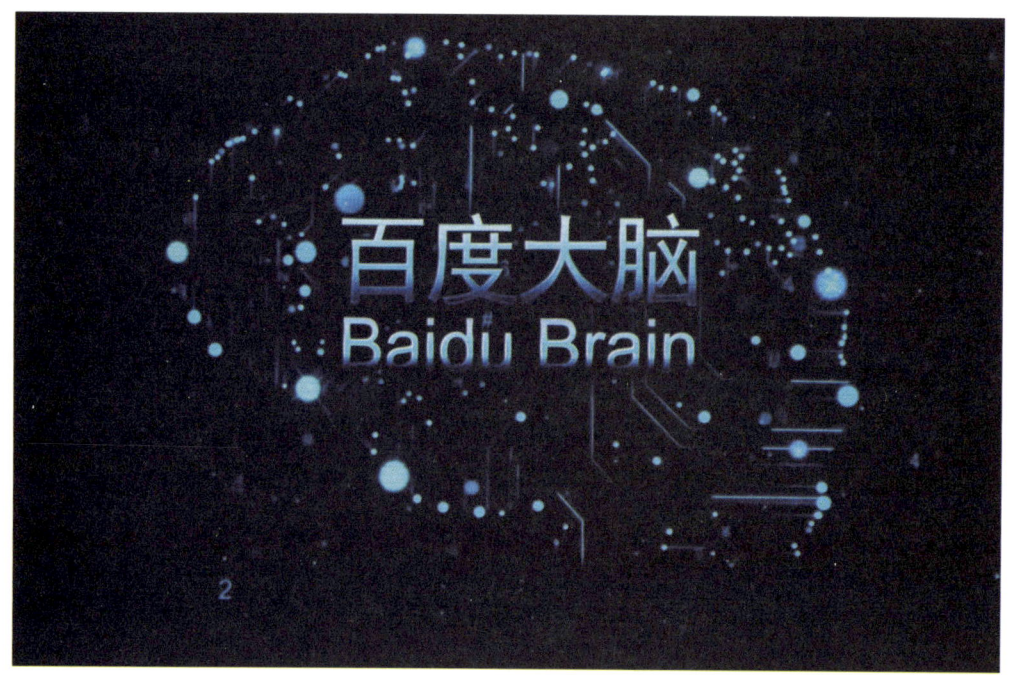

◆ 图3-13 百度大脑

3.2 交互的四种模型

根据现有的交互技术，交互可以分为对话式、操作式、指令式和浏览式四种概念模型。这四种概念模型各有其特点，但在交互设计中，它们并没有绝对的分界线，它们之间并不矛盾，可能在一个设计或者一个界面中同时出现。

有时候设计师在做交互设计时，会同时提供多种交互模型供用户选择使用。因为用户的使用习惯和喜好不同，有的用户可能习惯对话式，有的用户可能喜欢浏览式，这样提升了用户的体验。有时，可能单独一种交互模型无法达到想要的效果，需要多种模型配合使用，发挥各自的优势去达到目的。

3.2.1 对话式

对话式交互是通过对话、谈话的方式和系统进行交流互动。例如新买的电脑在第一次使用时，会通过对话式来引导用户进行一些初始设置，完成一步再进入下一步。用户在进行软件安装时，安装程序也会使用对话式来引导用户做出选择。很多客服热线也采用的是对话式的交互，会把相应的问题归类，请用户选择问题对应的数字，然后转接到相应的服务。很多在线客服则是使用关键词来进行对话式的互动，用户输入问题，系统根据关键词来自动回答用户提出的问题（图3-14）。很多 App 在介绍新功能时，也会采用对话式，会弹出对话框，用户选择"知道了"，从而进入下一步。

对话式的交互模型对初学者比较友好，可以帮助用户逐渐了解产品，并进一步帮助用户实现目标。但其缺点是提供的选项有限，用户只能在有限的几个选项中选择，然而很多时候，用户想要的服务并不在这些选项内。我们也经常会遇到系统无法理解用户的需求，其给出的回应不相符。还有的时候用户的事情比较紧急，需要尽快解决，而系统却仍按部就班地慢慢回应。遇到这样的情况，用户会十分焦急和不满，互动的效率不高，用户体验不好。人工智能

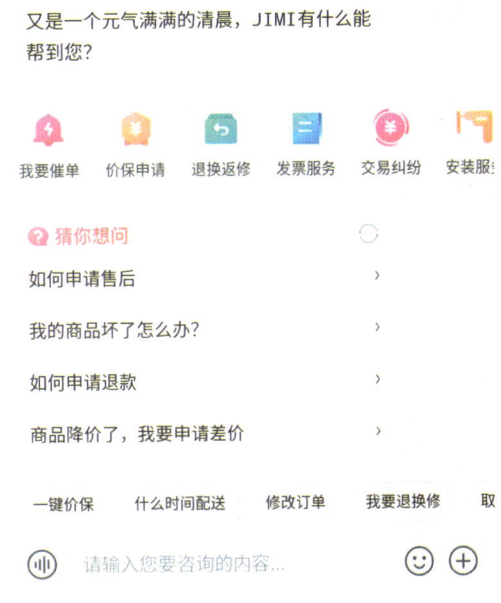

◆ 图 3-14 京东智能客服

技术的应用，可以在一定程度上解决这些问题。很多公司也在努力进行这方面的尝试，力图给用户带来更好的体验。

3.2.2 操作式

操作式交互就是通过直接或者间接的方式，操控对象，改变对象状态的交互。它跟对话式不同之处在于：它不是在有限的选项中去进行选择，而是通过用户自己的操作，去获得想要的结果。这个结果不是系统预设的，而是实时进行的。系统提供平台，用户去进行发挥和创造，例如用户选取一个文件，对文件进行操作；在游戏中，用户控制角色进行各项活动（图3-15）；在绘图软件中，用户进行图画的绘制等。

操作式模型是最常用的交互模型。在触摸屏普及的今天，触控技术运用较多的情况下，

◆ 图3-15 游戏操作界面

操作式模型成为主力，例如曾经风靡一时的游戏《切水果》（图3-16），用户可使用手指直接在平板电脑上进行触控操作。

◆ 图3-16 游戏《切水果》

操作式模型交互比较直观、便捷，反馈及时，用户可发挥空间较大，交互比较自由。在交互的过程中，用户能充分发挥主观能动性，创造出意想不到的效果。这种交互模型的缺点是一些比较抽象的工作无法完成，例如"文件另存为"，一般使用菜单命令来完成，操作式模型用直接的操作很难做到。一些重复性的工作，用操作式模型比较费时费力，例如对批量文件的重命名，操作式需要对文件一个一个地重命名，而利用脚本命令，则可以快速地、批量地对文件进行重命名。

3.2.3 指令式

指令式是最直接的互动模型，用户通过指令来直接实现目的。这些指令有文字指令、按钮、菜单选项（图3-17）、快捷键等。指令式和对话式的不同之处在于：指令式是单向的直接执行，由用户发出指令，

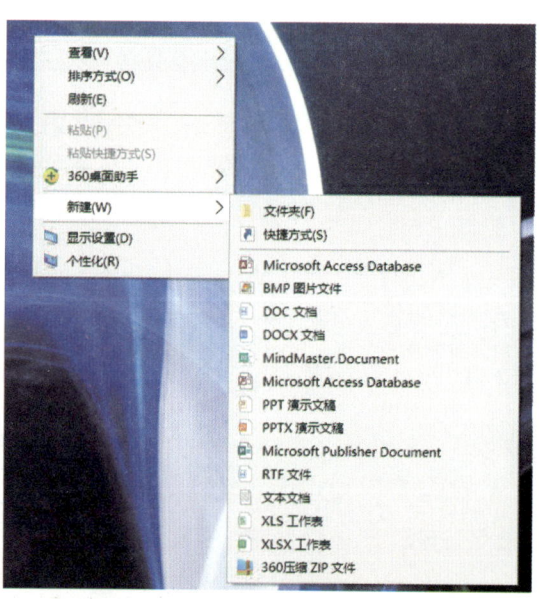

◆ 图3-17 电脑右键菜单指令

系统接受指令执行。指令式和操作式的不同之处在于：操作式用户有更多的创造性和自由度，指令式则没有什么创造性，是直接执行命令（图3-18）。

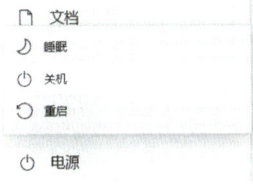

◆ 图3-18 关机指令

指令式模型运用也比较常见。在DOS操作系统中，用户需要输入文字命令，电脑才会执行，这种是文字指令式。街边的自动售货机，用户想要买什么，按下相应的按钮，就会调出想买的商品，这种是按钮式。软件中，用户使用菜单把文件"另存为"，这是菜单选项式；编辑文档时，使用"Ctrl+C"快捷键进行复制，这是快捷键式。

指令式的优点是简单、直接、高效，用户可以直接达到目的，一般不会产生误差。其缺点是系统功能一旦复杂化，指令式的操作将带来记忆上的沉重负担，指令之间容易混淆，极易导致思维混乱，还会延长用户的学习曲线，不便于用户快速掌握和使用。例如三维制作软件3ds Max复杂的菜单指令（图3-19）。

目前很多专业的软件采用的是复杂的指令模式，因为这种专业性的互动产品所针对的并不是一般的消费者，而是长期使用这些工具的专业人员。对专业

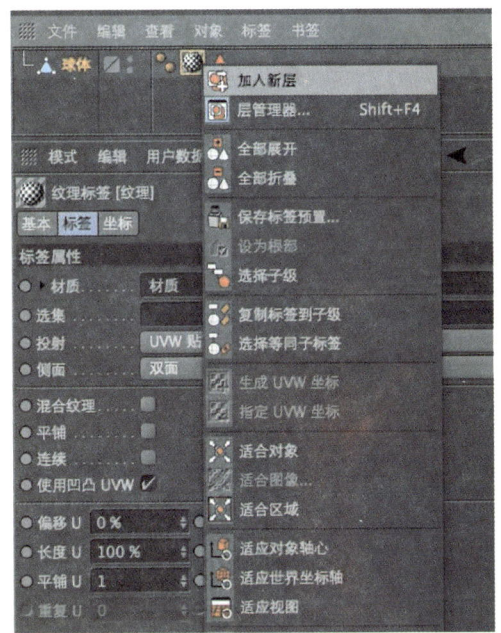

◆ 图3-19 3ds Max材质球菜单

人员来说，他们熟悉软件的各项功能和菜单指令，这样的设置并不会对他们造成什么影响，在熟悉了之后，这些指令反倒会更加方便快捷，更能提升工作效率和交互体验。

3.2.4 浏览式

浏览式交互模型是指用户去浏览场景和信息，从而获得体验，达到目的。这种浏览不仅是用眼睛去看，还包括用耳朵去听，用心去感受等。浏览式和操作式的不同在于：操作式是用户去发挥创造，浏览式则更多的是去浏览和欣赏别人的创造和作品，例如浏览网页、查看信息、阅读书籍、观看作品、体验场景等。

使用"微信读书"（图3-20）来阅读，就是浏览式模型。

前面讲到的虚拟现实（VR）的体验，有一些也是浏览式模型。例如5D影院（图3-21）。5D影院在三维立体的视觉基础上，增加了听觉、嗅觉、触觉及动感等来达到身临其境的感觉。

浏览式交互模型用户更偏向于被动地接受，因此，多用于娱乐、休闲的场景中。对于一些需要主动创造性的工作，浏览式模型就不太适合了。

◆ 图3-20　微信读书App

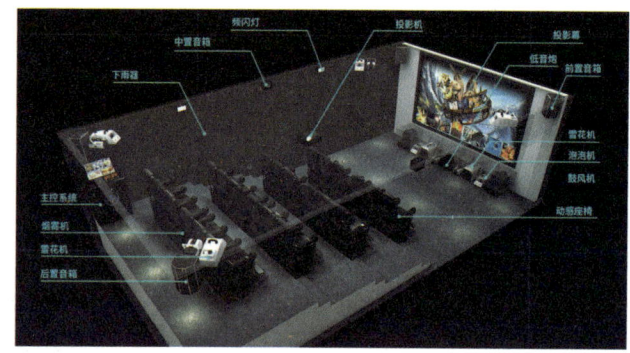

◆ 图3-21　5D影院

目前我国的人工智能发展基本与世界先进水平同步，在机器翻译、无人驾驶、语音识别与合成等领域处于国际领先行列，并形成了较为全面规范的人工智能技术标准和服务体系。未来，人工智能与5G、大数据等新建领域相结合，将带动诸多行业快速发展，为很多领域数字化智能化转型奠定基础。我国未来的交互设计更加值得期待。

1. 利用体感技术可以开发什么应用？
2. 你对我们国家目前的交互技术有什么认识？
3. 四种交互模型各有什么样的特点？

第四章
用户体验

学习目标

（1）掌握用户体验的概念和含义。
（2）了解几种基础的用户体验。
（3）理解影响用户体验的有用性分析。
（4）熟练掌握提升用户体验的费兹定律、席克定律、操纵定律、泰斯勒定律、奥卡姆剃刀原理、七加减二法则。

4.1 用户体验的概念

4.1.1 什么是用户体验？

用户体验英文名为User Experience，简称UE或UX，它是交互设计的中心。近年来，用户体验已经成为一个热门词汇，越来越受到大家重视。很多公司还专门成立了用户体验部门，来处理用户体验方面的工作。

对用户体验的定义，大家也是说法各异，没有一个统一的定义。

国际标准化组织将用户体验定义为：一个人使用或预期使用某产品、系统或服务的感知和反应。

百度百科将用户体验定义为：用户在使用产品过程中建立起来的一种纯主观的感受。

阿里巴巴的资深用户体验设计师李煜佳认为：用户体验是我们的主观感受，由于每个人的背景和爱好不同，对同一产品的体验感受也各不相同。用户体验是用户感受产品的过程。

派恩和吉尔摩在《哈佛商业评论》发表的一篇文章中认为：当公司有意将服务当作舞台、产品当作道具，吸引每位用户融入其中，创造难忘回忆时，体验就诞生了。

从以上的叙述中我们可以看到，对用户体验的定义涉及两个关键词：产品和感受。

产品不只是指互联网产品，而是指所有的产品。不仅是交互设计的产品要注重用户体验，所有的产品都要注重用户体验。我们的衣、食、住、行，我们日常生活中运用到的各种物品，都会给我们带来不一样的用户体验。例如很多人都喜欢旅行（图4-1），旅行给人带来独特的体验。

◆ 图4-1 坐火车旅行

感受是主观的,是一种心理上的反馈。每个人都有自己的认知和喜好,即使对待同一个产品,每个人的感受也会不同,这就是感受的主观性。它是我们的心理活动,可能在外在的层面并不会表达出来,因此,这种感受无法被量化和测量。俗话说得好,鞋子合不合脚,只有自己知道。

商业创新领域专家布瑞恩·索利斯认为:体验比产品更重要,体验即产品。他的话告诉我们,看起来我们销售的是产品,其实我们销售的是体验。体验才是产品背后最本质的逻辑,产品好不好,取决于给人带来什么样的体验。

所以,用户体验是影响产品销售的决定性因素之一,我们要最大限度地提升用户体验。在进行交互设计时,要始终把用户体验放在首要和最中心的位置,围绕用户体验来展开。同时我们要明白,用户体验不是我们能够设计出来的,我们不能设计用户体验,我们是为用户体验而设计,我们的设计是为了带给用户更好的体验。

4.1.2 六种基础体验

用户体验是主观的,分为多个层次和多个领域,最主要的有六种体验。需要注意的是这六种体验并没有一个清晰的界线,往往是相互包含、相互伴随的。

(1)感官体验。

感官体验是用户生理上的体验,是用户身体感受器官方面的体验,例如视觉、听觉、触觉的体验就是感官体验。感官体验往往刺激的是人的生理本能,是人类的生理构造决定的,例如强烈的光照向你的眼睛,你会觉得刺眼,睁不开眼睛,这就是人的生理本能。

(2)交互体验。

交互体验是用户在操作和使用产品过程中的交流、互动和反馈的体验。这种体验包括人机交互的体验和人与人交互的体验，例如你在玩游戏时，操作经常卡顿，游戏的这种交互体验就不是很成功。

（3）情感体验。

情感体验是用户心理方面的体验，是产品或服务带给用户的情感层次的体验，例如你的交互产品让用户感到温暖，感到友善，这就是情感体验。这不仅是感官和操作的问题，而是更深层次地对用户的友好与关怀，例如在用户过生日时送上祝福，这就给用户带来了正面的情感体验。

（4）信任体验。

信任体验是一种综合性的体验，是用户和产品间建立的信任关系。建立信任不是一件容易的事，需要多次接触或者长时间地接触，而打破信任可能就只需要一件事。因此，交互产品应该言而有信，严格地信守诺言，以取得用户的信任。例如某交互产品在首页上宣传免费，结果用户点进去后一看要收这个费、那个费，用户会感觉上当了，很可能以后再也不用了，这就丧失了信任体验。

（5）价值体验。

价值体验是用户经济方面的体验，是用户对产品的商业价值的认同。例如用户愿意花100万元钱去使用你的交互产品，而不去使用只需要花50万元钱的其他产品，就是用户对你产品商业价值的认同，认为你的产品值100万元钱。

（6）文化体验。

文化体验是用户在社会文化层次方面的体验，是让用户感受到文化内涵的体验。例如交互产品在界面上采用了中华传统文化的元素，就是一种文化体验。文化体验需要深入挖掘，并有机地和交互产品相结合，否则会让人感到突兀。

4.2 影响用户体验的有用性分析

影响用户体验的因素有很多，业界人士也有多种说法。有四因素说、五因素说、六因素说、七因素说等。综合归纳整理各种说法，有用性是比较重要的一个因素。

有用性指的是产品有什么功能，有什么用处，对用户来说解决了什么问题，满足了用户的哪些需求。产品是功能的集合，功能存在的意义在于解决了用户的痛点，满足了用户的需求。任何产品首先都要有用，无用的产品是失败的，不可能有良好的用户体验。哪怕这个产品使用的技术再高端，制作得再精良，设计得再精巧，如果不具备有用性，用户是不会买账的。可以说，有用性是用户体验的基本前提。

例如小天才智能防水手表（图4-3）在防水性上做了特别的设计，这就是有用性的提升，解决了用户的痛点，带来了良好的用户体验。提升有用性的关键是充分、深入地了解用户需求。我们可以从以下几个方面来展开。

◆ 图4-2 小天才智能防水手表

4.2.1 用户视角

用户视角就是要站在用户的立场去思考问题。站在用户的视角说起来容易，做起来却非常难，因为我们人类的本能是从自身的视角去考虑问题，这是人类多少万年进化的结果。但是如果我们能超越本能，从用户视角考虑问题，就会更好地了解用户需求，营造更好的用户体验。

例如我们在购买火车票时经常遇到出发地到目的地没有直达的火车，我们需要在某个站进行中转。从哪里中转比较合适，如何制订中转方案，是非常费脑筋的，需要用户花费大量的时间和精力来进行查询、比对、选择，而且还不一定做得好。那么从用户视角出发，中转方案就是用户的一个痛点。铁路12306App中就设置了中转功能（图4-3），能给用户提供可能的几种中转方案，节约了用户的时间和精力，带来了较好的用户体验。这就是从用户视角来考虑问题，满足了用户需求。

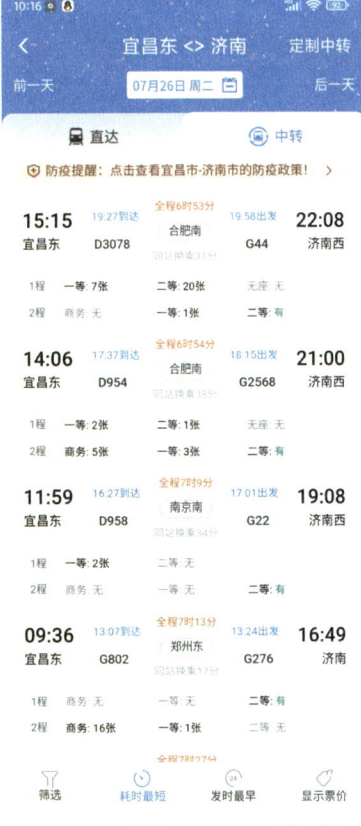

◆ 图4-3 铁路12306App中转功能

4.2.2 需求分类

用户的需求可以分为基本型需求、期望型需求和魅力型需求三种。

基本型需求是指用户认为你的产品应该具有哪些功能，这些功能是你的产品必不可少的功能，如果没有这些功能，用户就不会去使用这个产品，这种功能对用户来说是"刚需"。

例如，腾讯QQ这款软件的功能非常多，但用户对腾讯QQ的基本型需求就是通信功能（图4-4）。用户最初之所以选择腾讯QQ，首先是满足了用户通信的基本型需求。而且腾讯QQ在诞生之初也是主打通信功能，才逐渐占领了市场，俘获了海量用户的"芳心"。如果腾讯QQ不能实现通信功能，用户当初就不会选择使用它，那么就不会有今天的腾讯集团。

期望型需求是指一些需求不是特别必要，但是用户也存在着这些需求。用户希望产品能满足这些需求，这些需求可能是产品主打功能的深化，可能是产品主打功能的扩展，也可能与产品主打功能没有多大关系。

例如支付宝主打功能是移动支付，这是满足基本型需求。但支付宝中的市民中心功能、生活缴费功能、健康码功能等就满足了用户的期望型需求（图4-5）。有了这些功能，用户使用的场景就更多了，对用户来说更方便快捷，用户的体验也大大地提升了。

魅力型需求是指一种超出用户预期和想象的需求，是给用户带来惊喜的需求，是存在于用户的潜意识里但是用户不一定想到的需求。产品如果满足了魅力型需求，就会给用户一种"我没有想到的你替我想到了，好贴心"的感觉。这样的用户体验是很美妙的。这样的需求需要设计师去深入挖掘，并帮助用户提炼和明确，因为很多时候用户并不能准确表达这种需求。

◆ 图4-4 腾讯QQ群聊界面

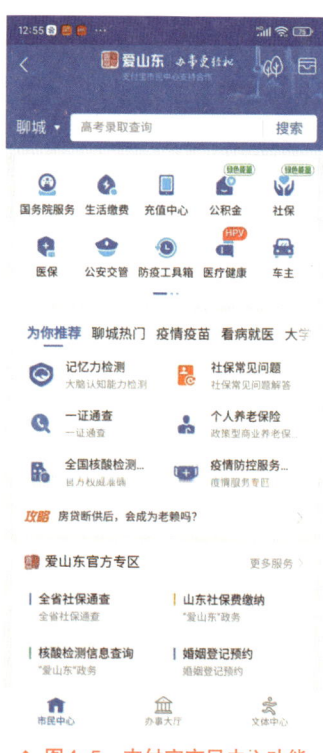

◆ 图4-5 支付宝市民中心功能

例如用户使用飞猪旅行App购买飞机票，如果用户出发地到目的地并没有直达飞机，飞猪旅行App会推荐出行方案，而推荐的出行方案不仅限于飞机，还包括火车的出行方案（图4-6）。一般在用户购买飞机票时，用户的需求是买到合适的飞机票，可能用户并没有想到乘坐火车这一出行方式。飞猪旅行App挖掘到了用户的需求其实是想如何快速、便捷到达目的地，而不仅仅是买飞机票。这对用户可能是一个小小的惊喜，这就是魅力型需求。

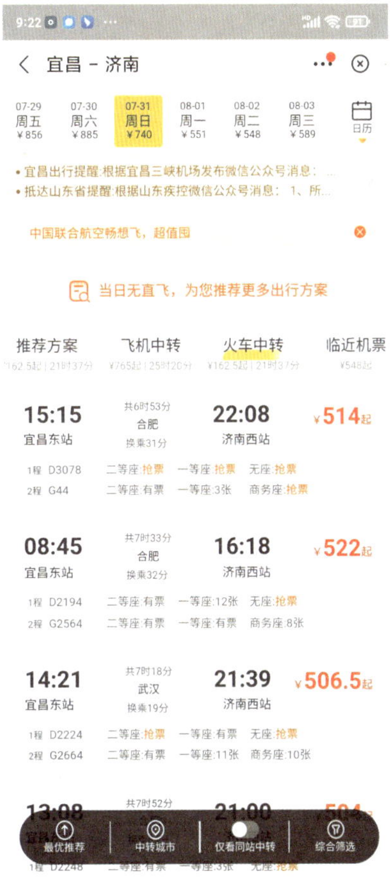

4.2.3 用户体验地图

纵然设计师会深入努力地挖掘用户的需求，营造良好用户体验，可是往往还是会遗漏一些用户需求，不能全面地解决用户的痛点。这个时候，我们就需要使用用户体验地图来系统地梳理用户体验。

用户体验地图就是利用图表的方式来全面展示产品用户体验的情况。用户体验地图的绘制不仅是一个部门的事情，还涉及产品所有环节和部门。用户体验地图其实是对产品的拆解。主要由以下几个模块组成：用户画像、用户目标（需求）、操作阶段、动作、痛点、情绪、优化点。

◆ 图4-6　飞猪旅行App购票界面

用户画像：针对的目标群体及其特征。

用户目标：用户为什么要使用你的产品，想要达到什么目标。

操作阶段：用户要达到目的，需要经历哪些阶段，如注册、验证、提交等。

动作：用户具体的操作行为，如点击、缩放等。

痛点：用户不舒服、不满意的地方。

情绪：用户使用产品过程中的情绪变化。

优化点：针对痛点如何进行改进和优化。

4.3 提升用户体验的几个定律

用户体验虽然是一门比较复杂的学问，但我们在交互设计时还是有一些规律可循的。掌握这些规律，有助于提升用户体验。

4.3.1 费兹定律

费兹定律是心理学家费兹提出的，它被广泛运用于交互设计中。费兹定律的内容是：从起始位置移动到最终目标所需要的时间由两个参数决定，起始位置到目标的距离和目标的大小。

费兹定律揭示了移动时间、距离和目标大小之间的关系：起始位置到目标的距离越大，所用的时间越多；起始位置到目标的距离越小，所用的时间越少；目标越大，所用的时间就越少；目标越小，所用时间就越多。

作为用户，他们一般都希望能从当前位置快速地移动到目标上。如果要花费较长时间，会是一个不太好的用户体验。因此，在界面上，我们要把握好尺寸与距离的关系。目标尺寸不能太小，移动距离不能太大，否则不容易定位，会浪费用户的时间。不过目标尺寸也不能过大，移动距离也不能过小。目标尺寸大，固然可以减少移动的时间，但过大的目标尺寸也会让界面的利用率降低，可安排的元素过少。移动距离太小，会使操作集中在一个较小的区域，容易引发错误。尺寸与距离都要有度，在进行交互设计时要掌握好这个度。

一般而言，对界面上的功能元素要设置一个最小尺寸，元素大小不能低于这个尺寸，以方便用户操作。对不同的设备，其元素最小尺寸也有所不同。电脑网页的元素尺寸就比手机网页元素尺寸要小，因为电脑网页可以用较小的鼠标光标来精确点击，而手机触屏是用手指来触摸点击的，需要的元素尺寸自然要大一些，否则容易引发误触操作。例如360电脑网页元素最小尺寸就比较小，页面布局比较密集（图4-7）；而360手机网页的元素尺寸就要大一些，布局也没那么密集（图4-8）。

◆ 图4-7　360网址导航电脑端网页　　◆ 图4-8　360网址导航手机端网页

要尽量把多个常用的功能元素放置在相近的位置。因为常用的功能元素使用频率比较高，而且往往会形成前后接续的关系，A操作后面往往会接着B操作。把多个常用元素放置在相近的位置，就可以减小移动距离，提高操作速度，减轻用户负担。例如WPS Word的常用工具与菜单的排布，文字处理的字体、字号、格式等工具作为最常用的功能就是排列在一起的（图4-9）。

◆ 图4-9　WPS Word常用工具与菜单

会产生高风险的交互元素，注意尽量不要让用户很容易地点击到。所谓高风险的交互元素就是指会对用户、系统或设备产生损失或损坏的交互元素，例如删除、关机、格式化等功能元素。这些元素在布局时一般要远离常用的交互元素，以免操作常用交互元素时误操作了高风险交互元素，导致不可挽回的损失。例如WPS图片软件就把删除按钮和常用的放大缩小按钮分开了一定的距离，以防止误操作（图4-10）。

◆ 图4-10　WPS图片软件按钮

边缘区域是一个特殊而且有用的地方。边缘区域是指屏幕或者界面边缘的地方，包括顶部、底部、左边、右边和角落。边缘区域之所以特殊，是因为鼠标指针移动到屏幕边缘时，往往无法再移动了，无论你使用多大的力量去向外移动，鼠标指针还是会停留在边缘。利用边缘区域的这种特性，用户可以快速地定位到边缘区域的元素，如此，边缘区域就变得非常有用了。很多软件和应用都把常用菜单和工具布局在边缘区域。例如Windows 10操作系统就把菜单命令放在顶端，把窗口控制工具放在右上角，把快速访问等功能放置在左边，把视图显示工具放置在右下角，非常方便用户进行定位和操作（图4-11）。

弹出菜单是一种可以有效减小用户移动距离的设计。让菜单弹出在用户当前定位的旁边，提供下一步操作的选择，相较于用户移动到别处去更加节约时间，更加方便快捷。尤其在使用鼠标等输入工具的系统或设备时，右键弹出菜单已经成为必备的功能（图4-12）。

◆ 图4-11　Windows 10操作系统　　　　　◆ 图4-12　Windows 10操作系统右键弹出菜单

4.3.2 席克定律

大家在生活中是不是会经常面临选择困难？当我们面临众多选择时，往往难以抉择。例如面对有众多按钮的调音台（图4-13），很多人都会手足无措。席克定律揭示的就是这个规律。席克定律是以英国心理学家席克命名的，席克定律包含了很多内容，其中一部分内容就是：一个人面临的选择越多，其做出决定所需要的时间就越长。

◆ 图4-13　有众多按钮的调音台

当用户只有唯一的选择或者没有选择时，用户几乎不需要花费时间去做决定。当出现多个选择时，用户就要花费时间来观察、比较、分析，再做出决定。选择越多，做出决定所花费的时间就越长。

需要注意的是，花费的时间并不是和选择的多少成简单的线性比例关系。举个例子，面对2个选择需要2秒的时间做决定，面对4个选择，是不是需要4秒的时间做决定？并不是的，不一定是用4秒做决定，这取决于选择的具体内容。有的选项比较简单，所用时间会比平均时间少；有的选项比较复杂，所用时间自然要多一些。面对4个选择，做出决定所需要的时间可能比4秒多，也可能比4秒少，但肯定是要超过2秒的。总体而言，面临的选择多肯定比面临的选择少要花费更多的时间去做出决定。

在交互设计中想要获得较好的用户体验，就要注意避免给用户造成选择困难。避免造成选择困难的方法有很多，最主要的方法是尽量减少让用户做出决定的选项数目。用户面对的选项少了，就更容易做出选择，效率就更高。例如在喜马拉雅App中的驾驶模式（图4-14），精简了界面和选择，只留下了少数必要功能，让用户更容易做出选择，这样在驾驶时不容易分心，能够保证驾驶的安全。

◆ 图4-14　喜马拉雅App的驾驶模式

如果多个选项实在无法精简，可以对多个选项进行同类分组和多层级分布。这样用户的选择时间可以缩短，效率也得到提高，这算是一种变通的精简方式。例如很多电脑软件都会把相近的功能归类到一个菜单下，这就是同类分组。同时，一级菜单下面有二级菜单、三级菜单等，这就是多层级分布。例如Windows 10系统的右键菜单就进行了同类分组和多层级分布（图4-15）。

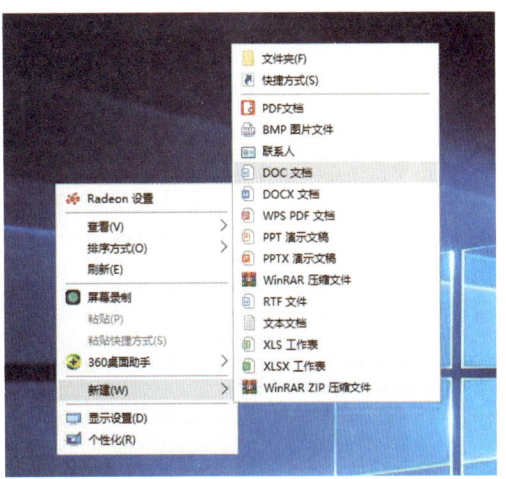

◆ 图4-15　Windows 10系统的右键菜单

还有一个特殊情况需要格外注意，那就是遇到紧急情况时的紧急处理功能。例如遇到火灾、交通事故等突发紧急状况时的处理。这时紧急处理功能必须快速做出反应，因此在设计功能界面时，必须去掉一切不是必需功能的选项，最好只留下唯一的选项，以达到紧急处理的目的。例如地铁上的紧急解锁装置等（图4-16）。

◆ 图4-16 地铁上的紧急解锁装置

4.3.3 操纵定律

先问大家一个问题，在宽阔无人的大马路上开车和在狭窄拥堵的小路上开车，你觉得哪个更容易？哪个所需的时间更短？哪个用户体验更好？我相信大家都会选择前者，操纵定律就涉及这个问题。操纵定律揭示的就是经过通道的宽窄和所需要时间之间的关系。一般而言，经过的通道越宽，用户操纵就越容易，所用的时间就越短；经过的通道越窄，用户操纵就越困难，所用的时间就越长。

在交互中，用户用鼠标点选菜单的时候，往往要通过上级菜单点选到下级菜单，例如通过一级菜单点选到二级菜单。如果一级菜单的宽度足够大，那么点选到二级菜单的操作是非常容易的，几乎不会浪费什么时间。但如果一级菜单的宽度很窄，鼠标移动时就会很困难，一不小心就移出了目标区域，导致定位和点选失败，用户操作的时间就会相对更长一些。

很多电脑软件的菜单设计中，顶部的一级菜单下的二级菜单设置的是垂直下拉式，一级菜单通道的宽度就比较大，通过一级菜单点选二级菜单就比较容易，所用时间就比较少。例如 3ds Max 的垂直下拉菜单（图4-17）。

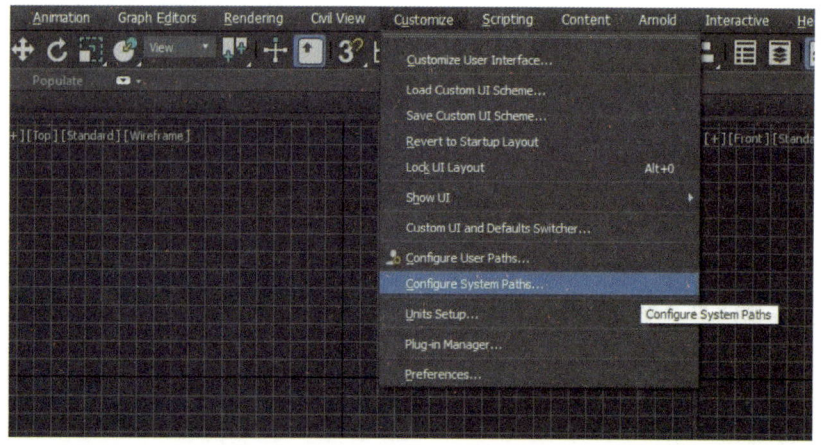

◆ 图4-17 3ds Max下拉菜单

很多电脑软件的右键弹出菜单的多级菜单设置的是横向弹出式，如Photoshop（图4-18），这种横向弹出的菜单，其经过的通道宽度就比较小，通过一级菜单横向移动到二级菜单，窄窄的一条通道，用户就需要花费一些时间去定位。

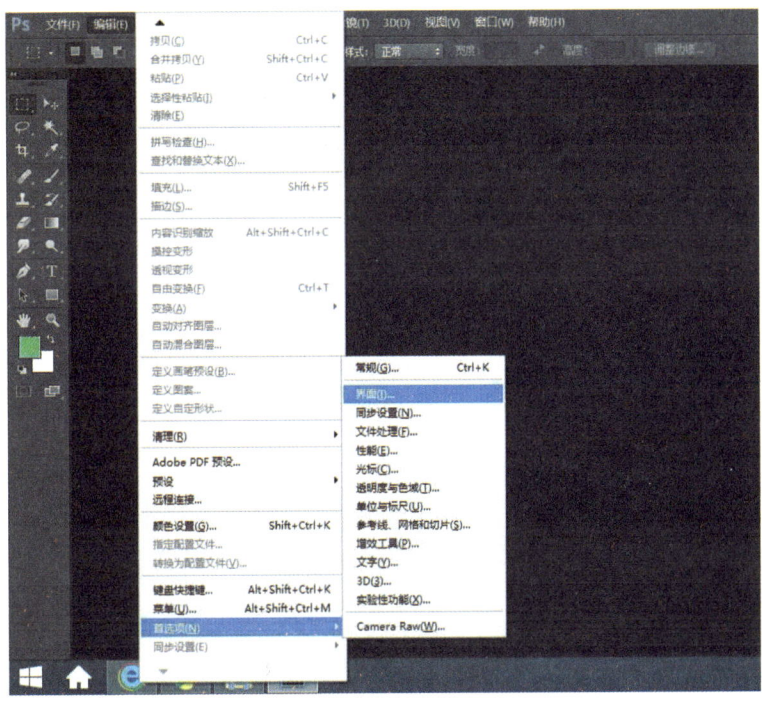

◆ 图4-18　Photoshop右键菜单

横向弹出菜单设计的一个痛点，就是多层级菜单操纵性的困难，多层级的横向通道非常窄，用户在横向移动中必须小心翼翼。多层级菜单虽然有这个痛点，但也确实有存在的必要。那么该如何去解决这个痛点呢？微软公司和苹果公司都给出了自己的解决方案。微软公司的一个解决方案是适当延时，当用户沿着较窄通道移动时，即使不小心移出了通道边界，当前菜单界面仍不消失，会有一点儿时间延迟，以方便用户再移动回来继续操作。而苹果公司的一个解决方案是根据鼠标移动方向和速度来判断，如果移动的方向是某个二级菜单选项，而且速度较快，那么就推断用户是明确地要定位到当前弹出菜单的选项，菜单页面就会保持到定位完成；如果移动的方向并不是某个二级菜单方向，或者速度比较缓慢，那么就推断用户并不想定位到当前弹出的菜单页面，弹出的菜单页面就会迅速消失。

4.3.4　泰斯勒定律

泰斯勒定律又称复杂不灭定律，是由著名的人机交互设计师莱瑞·泰斯勒提出的。其内容是："每一个程序都有其与生俱来、无法缩减的复杂度。唯一的问题就是谁来处理它。"这个定律揭示了两个方面的内容：一是关于复杂度的问题，二是如何处理复杂度的问题。

先看关于复杂度的问题。系统或设备的复杂度由两个部分组成：一个部分是可以简化的复杂度，另一个部分是最低复杂度，也就是无法简化的复杂度。可以简化的复杂度我们可以直接砍掉，但最低复杂度却无法砍掉。简化到临界点，就不能再简化了。泰斯勒定律告诉我们，世界上不存在复杂度是0的系统或设备，所有系统或设备都有最低复杂度，就是多少的区别而已。哪怕简单如老少皆宜的iPad（图4-19），也有触摸交互这种最低复杂度的要求。

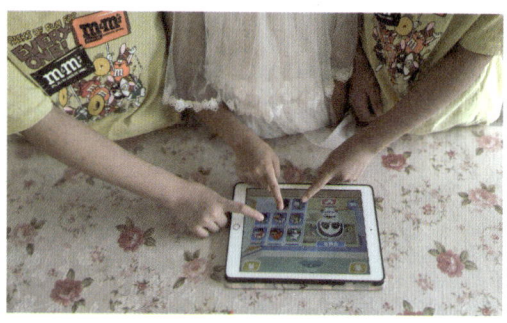

◆ 图4-19　儿童玩iPad

再来看关于谁处理复杂度的问题。复杂度是客观存在的，不管你处理还是不处理，它总在那里，不多不少。因此，总要有人去处理复杂度。那么对于一个交互产品来说，不是设计师去处理复杂度，就是用户去处理复杂度。设计师如果不处理复杂度，复杂度就会留给用户去处理，这样的用户体验会好吗？泰斯勒曾经在一次访谈中说："如果工程师少花了一个礼拜的时间去处理软件复杂的部分，可能会有100万名使用者每天都因此而浪费一分钟的时间。这等于是为了简化设计师的工作而去惩罚使用者。"因此，应当把复杂度交给开发者去处理，留给用户方便、简单、快捷的体验。例如图形化操作界面的诞生，就是把复杂度留给工程师等开发者，开发者用复杂的程序语言去实现简单的图形界面，用户只用面对简单的图形界面去操作，而不用面对复杂的程序语言。在此之前，计算机用户不得不使用DOS等程序语言来操作计算机，极不方便（图4-20、图4-21）。

◆ 图4-20　MS-DOS操作系统

用户对产品复杂度的容忍是有限度的。如果一个交互产品操作起来过于复杂，一般的用户就可能会放弃使用这个产品，转而使用更便利的其他同类产品。而专业用户的容忍限度会高一些，一些专业的软件能满足用户的专业需求，复杂一些也是可以接受的，但也不能无底线的复杂。因此，对于交互产品来说，应尽量做得简单，方便用户操作，否则产品就会失败，得不到市场和用户认可。即便你的产品目前能独霸市场，如果不注意控制复杂度，一旦有更加简单便捷的同类产品出现，你的产品将很快被替代。

4.3.5 奥卡姆剃刀原理

◆ 图4-21 Windows图形化界面

奥卡姆剃刀原理是由14世纪哲学家奥卡姆提出的，这个原理又叫简单有效原理。这个原理的内容是："不要浪费较多的东西去做用较少东西同样可以做好的事情。""如无必要，勿增实体。"换句话说，达到同样的效果和目标，如果能用简单的方式，就不要去用复杂的方式。这个原理之所以叫剃刀原理，是形容这个原理像剃刀一样，能帮助大家去掉无用的东西。

在交互设计时，为了实现某个功能，我们往往有多种实现方式。在这些方式中，有简单的方式，也有复杂的方式；有占用资源较少的方式，也有占用资源较多的方式。奥卡姆剃刀原理告诉我们，应当使用简单的、占用资源较少的方式。

简单的方式可靠性更高，运行时出错的概率更小，给系统和设备带来的负担更小，占用资源较少，也更加节能、环保、低碳。简单的方式运行和反应速度更快，用户体验更好。没有必要的复杂其实是一种浪费，不但是对资源的浪费，也是对用户时间和精力的浪费，是对用户的不负责任。人的一生其实很短暂，不要把宝贵的时间和精力浪费在无必要的复杂上。例如百度首页界面就比较简单（图4-22），网站加载速度就非常快。

◆ 图4-22 百度网站首页

简单的方式主题更加突出、明确，有助于更好地传达设计者的意图和想表达的内容、帮助用户找到重点、吸引用户的注意力并提升用户体验。试想一下，在手机上随便进行一个点击操作，如果需要先输入密码，再人脸验证，然后再用手指画出一个复杂的线条才能完成，那对用户是什么样的体验？用户估计会气得把手机扔进垃圾桶。设计界早就认识到简单的好处，极简主义在设计界也是比较重要的设计理念之一。例如小米手机的网页设计（图4-23），就采用了极简主义风格，用户一眼就看到了主推的热门产品，界面看起来非常舒服，而且吸引人。

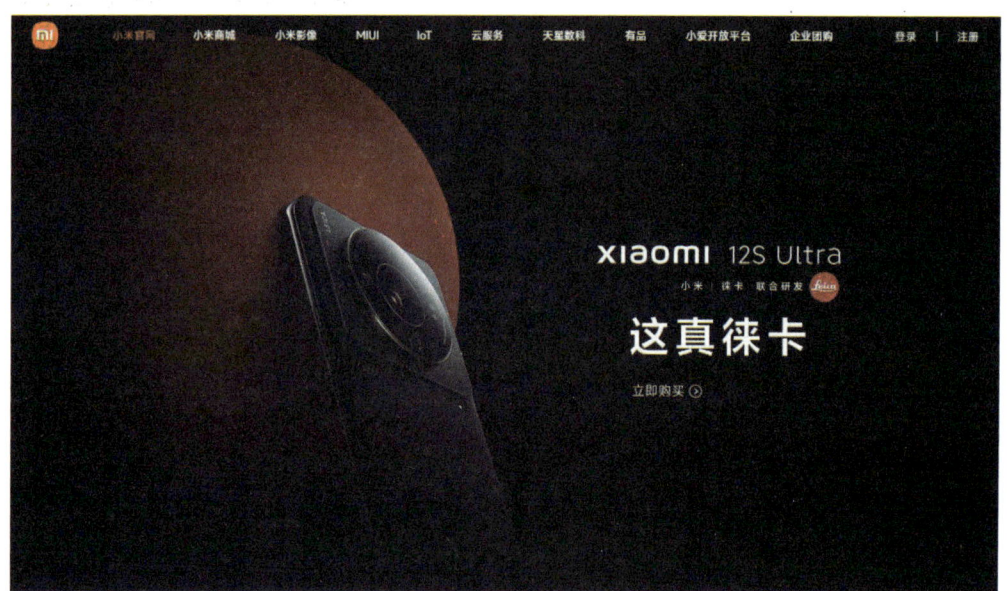

◆ 图4-23 小米网站首页

4.3.6 七加减二法则

七加减二法则是关于短时记忆的法则，它是在1956年由心理学家乔治·米勒提出的。他指出：人类头脑最好的状态能记忆5~9项信息，平均为7项信息，超出之后，人类的头脑就开始出错。短时记忆是指在一段较短的时间内储存少量信息的记忆系统。短时记忆保存时间短暂，如果信息得不到及时复述，只能保持15~20秒。人类大脑的记忆功能虽然十分强大，能记住很多内容，但在短时记忆方面，一般人只能准确地记忆5~9项信息。

在交互设计中，七加减二法则有着十分重要的借鉴意义。在设计中，我们提供给用户需要短时记忆的选项不能太多，一般为5项，最多不超过9项，否则用户无法准确记忆，非常容易出错，会增加用户负担，带来的用户体验也不好。移动App设计中顶部导航栏（图4-24）与底部按钮一般为5个，微信甚至只设计了4个按钮（图

4-25），这是参考了七加减二法则。

◆ 图4-24　美团App首页上部导航

◆ 图4-25　微信App底部按钮

 用户体验是一门深刻的学问。用户体验要考虑到经济、社会、文化、习惯等各方面的因素。我们要思考如何去研究具有中国特色的，符合中国国情的用户体验。

 1. 为什么说用户体验是交互设计的中心？
2. 你认为最好的用户体验是什么样的？
3. 举例说明可以采取哪些方法改善用户体验。

第五章

影响交互设计的因素与策略

> **学习目标**
> （1）理解"香农—韦弗"模式和"5W"传播模式。
> （2）掌握交互设计的使用人群、使用原因、使用场景、使用方式4个因素。
> （3）熟练掌握交互设计的反馈策略、惯例策略、关联对应策略、制约策略、脆弱环节策略、一致性策略、能见度策略、个性化策略。

5.1 交互设计需要考虑的4个因素

交互设计需要考虑的因素有很多，从不同的方面解读，有不同的因素要考虑。一般情况下，从互动的角度考虑，交互设计需要考虑4个方面的因素，分别是使用人群、使用原因、使用场景、使用方式。

交互设计的这4个因素借鉴了信息、通信领域著名的"香农—韦弗"模式以及传播学领域著名学者拉斯韦尔的"5W"传播模式。理解了"香农—韦弗"模式和"5W"传播模式，我们对交互设计4个因素的理解将会更为深刻。

5.1.1 香农—韦弗模式

"香农—韦弗"模式是美国的两位信息领域学者香农和韦弗于1949年在《通信的数学理论》中首次提出的，描述的是电子通信过程，其主要过程如图5-1所示。

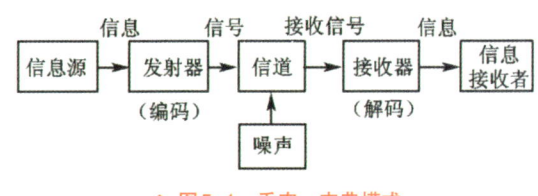

◆ 图5-1 香农—韦弗模式

信息源发出信息，通过发射器对信息进行编码（发射器也可叫编码器），信息变成信号（如电信号、光信号等），然后信号通过信道进行传输（信道就是信息的传送通道），信号在信道里传输时会受到噪声等外界因素的干扰，信号传输到接收端的接收器（接收器也可叫解码器），接收器对接收到的信号进行解码，把信号还原成信息，最后信息到达接收者，被接收者接收。

举个例子，当我们使用手机和朋友通话时，我们就是信息源，我们说的语音就是信息，手机作为发射器将我们说的语音加工、编码，语音就变成了电信号，通过运营商的手机通信基站用无线电波把电信号发送到朋友的手机，手机通信基站和无线电波就是信道，朋友的手机就是接收器，接收到了信号，并对信号进行解码，还原成语音信息，朋友就听到我们的语音，他就是信息接收者。通话时，有时候会有杂音，有时接收不到信号，这就是由噪声等外界干扰造成的。

"香农—韦弗"模式虽然是通信领域的模式，却在艺术领域和设计领域有着广泛的影响，因为它揭示了传播、交流的一些基本规律。尤其在交互设计领域，"香农—韦弗"模式有很好的借鉴意义，很多人由"香农—韦弗"模式得到了很多灵感和设计理念。

特别需要注意的是：信息的传递可能会有误差，纵然信息本身能被准确传递，但信息也可能会被误解。例如我们一般认为点头表示肯定，摇头表示否定，但在某些特殊的民族中，点头表示否定，摇头表示肯定。同样一个点头的动作，在不同的人眼里表达的意思却完全不同。信息接收者是按照自己的认知和经验来解读所接收到的信息的，因此，在交互设计中要注意准确地传达信息，不仅要保证信息本身的准确性，还要注意用户能否准确理解。

5.1.2 "5W"传播模式

"5W"传播模式是由拉斯韦尔提出的，他是传播学的奠基人之一。"5W"传播模式明确提出了传播过程及其5个基本构成要素，即谁（who）、说什么（says what）、通过什么渠道（in which channel）、对谁说（to whom）、取得什么效果（with what effect）。这5个要素英文名称里都有"W"这个字母，因此该模式叫"5W"传播模式。

谁，指的是传播者，也就是传播信息的人或者机构。传播者一般要收集、处理和加工信息。

说什么，指的是传播者传播的信息是什么，也就是具体的信息内容。传播者传播的信息一般会经过自己的加工，即使是转载别人的信息，也是选择性转载，因为在这个信息爆炸的时代，不可能穷尽所有信息。

通过什么渠道，指的是传播的通道、载体、手段等。信息传播必须经过中介和物质载体，如语言、文字、图形、广播、电视、电脑、手机等。即便是面对面的交谈，也要通过声音作为载体来传播。

对谁说，指的是传播的受众，又叫受传者，也就是信息的接收者。受众是传播的目的地，可能是特定的对象，也可能是不特定的大众。

取得什么效果，指的是传播取得了什么效果，信息到达受众后，受众有什么样的反应。这是对效果的评价，检验传播活动是否成功。

5.1.3 使用人群

交互设计初期首先要确定使用人群,也就是"目标客户群",即设计的产品是给谁用的。不同目标客户群有不同的特点和需求,哪怕是实现相同的功能,交互设计也会有所区别,甚至截然不同。给正常人做的触摸屏交互,只需要在屏幕上显示触摸点击的标志即可,但对视障人士来说,看不到显示的内容,用显示图标的方式是无法完成交互的。而对于手指残疾、缺失的人士来说,虽然可以看到图标,却无法完成触摸和点击。对待这些特殊群体,可以采用声音交互的方式来完成。例如目前小米手机系统里就可以运用语音助手"小爱同学"来帮助控制手机(图5-2)。

◆ 图5-2 语音助手"小爱同学"图标

目标客户群的范围可大可小。范围大小各有利弊。范围划分得越小,越细分,目标客户群的特点就越鲜明,对他们的了解也就容易深入,交互设计也更有针对性,更容易获得良好的用户体验。目标客户群按照性别可以细分为男性和女性。女性的特点、习惯、需求和男性有着巨大的差别,如果不做细分,会没有针对性,产品的适用性不强。例如宝宝树就是专门针对女性的一款App(图5-3),目标客户群体是备孕、怀孕及育儿的女性群体,满足了女性特殊的需求。其实,育儿知识不仅儿童的母亲需要,儿童的父亲也需要。这款产品在满足了特定的女性目标客户群之外,还有扩大目标客户群的潜力。

但目标客户群范围划分得越小,市场的规模也就越小,交互设计产品的生存就会有问题。目标客户群范围越大,市场也就越大,潜在的商机也就越大。例如抖音App(图5-4),目标客户群十分广泛,老少皆宜,是当前国内热门应用之一。

很多人在确定目标客户群时,往往定得很大,想尽可能扩大范围,广撒网,多收鱼。但网撒得越

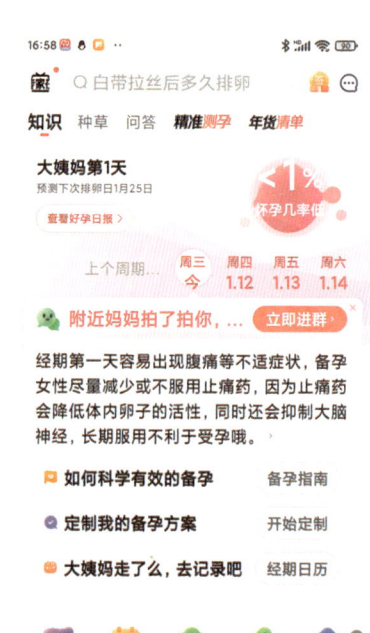

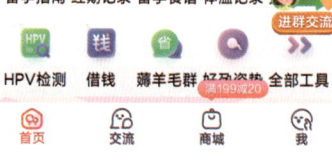

◆ 图5-3 宝宝树App

大就越好吗？并不是的。目标客户群过大往往会导致你的设计变得非常平庸，没有特点，无法吸引到用户，为了范围广而顾此失彼，想让谁都满意，最后可能谁都不满意。因此，目标客户群的范围要有个度，过大或者过小都不好，这个范围要综合考虑整个项目来确定。

5.1.4 使用原因

使用原因探讨的是为什么要用？交互产品具有什么样的功能？能满足用户的什么需求？解决了用户的什么问题？为什么用户要选择使用本款产品而不是其他的产品？你的产品有什么吸引人的地方？上面这些问题总结起来就是两个方面的问题：一是交互产品的功能性问题；二是交互产品的吸引力问题。

交互产品的功能性问题是为什么要用的基本前提。有用户需要的功能，用户才可能考虑去使用，没有用户需要的功能，用户肯定不会去使用。这和前面章节中说的有用性是一致的。例如，用户想看电影，你开发的交互产品只能看小说，用户直接就会把你的产品排除。产品如果满足不了用户的需求，用户一秒钟的时间都不会浪费在上面。

但仅仅是具有用户需要的功能还是不够的，要在此基础上更进一步。市场上有很多功能相同或相近的同质化交互产品，可供用户选择的范围广，那么你的交互产品就要有独特的吸引力，或者不可替代性，才能在激烈的市场竞争中存活或者胜出。例如现在市场上有很多阅读类App，一般都需要花钱购买会员，但是七猫App（图5-5）却号称"免费看书100年"，主打免费看书功能，这就是它独特的吸引力。

独特吸引力的打造需要我们深入了解用户的需求，在使用者和产品间构建出正确的互动模式，最

◆ 图5-4 抖音App

◆ 图5-5 七猫App

终上升到情感层面的交互。例如学习强国App（图5-6），不仅可以满足用户学习知识的需求，还可以满足免费获取各种信息资源的需求，更重要的是可以满足用户爱国精神的需要。学习强国App可以说是移动终端的红色旗帜。

5.1.5 使用场景

使用场景考虑的是在哪里用以及何时用的问题。每个交互产品都有其使用的场景，交互设计要考虑到产品的使用场景。在不同的场景下使用，用户会有不同的操作、状态和需求，对交互设计的要求也不同。在水下使用的产品要求能防水，在火场中使用的产品要求能防火，这就是不同场景下的不同需求。

一般情况下，我们使用的手机仅需要达到生活防水即可，因为一般人使用手机的场景只是偶尔会有水溅到手机上。但是对潜水或者冲浪的人来说，手机必须做到专业防水，因为潜水或者冲浪的场景都会使手机浸泡在水中。如果使用一般生活防水手机，手机会因为进水而坏掉。那么我们为什么不把所有的手机都做成专业防水呢？这就涉及成本的问题，这样会大大增加制造成本，而且一般人还用不到。所以，最好还是根据不同的场景做针对性的设计。

◆ 图5-6 "学习强国"App

例如我们在开车时，为了保证行车安全，双手一般不能离开方向盘，一般应当保持目视前方，但在开车的场景下，有时司机要进行开启空调、播放音乐、接听电话等操作。如何做到在保证行车安全，尽量让司机少分心的情况下去满足司机的需求？多功能方向盘的设计就是一个解决方案（图5-7）。把一些

◆ 图5-7 汽车多功能方向盘

常用功能按钮集成到汽车方向盘上，就在司机的手边，司机双手不用离开方向盘就可以操作这些功能，视线也不会有很大的偏离，既安全又方便。这就是针对开车场景的设计。

交互设计想要获得成功，一定要深入研究使用场景，用户的需求一定是在某种场景下的需求。没有具体使用场景的支持，交互设计一般都无法落地。例如地图导航设计，不是简单地从出发地到目的地，而是要根据用户的具体使用场景来设计。用户可能的使用场景有开车、骑行、步行、公共交通等。要对场景加以区分，进行有区别的设计。百度地图就根据不同使用场景进行了设计（图5-8）。

5.1.6 使用方式

使用方式探讨的是交互产品如何使用的问题。用户如何使用产品，直接影响了如何去做交互设计，而交互设计又影响着用户如何去使用产品。用户作为使用者，可以分成三个层级，分别是初级使用者、中级使用者、专家使用者。这三者对产品的使用方式是有所不同的，在交互设计上应当有所考虑。

初级使用者是新手，对产品是陌生的，很可能接触的次数不多，甚至是第一次接触。我们在做交互设计时，对于初级使用者要尽量地多引导和帮助。很多产品在新用户使用时，会有一些引导窗口告诉用户什么功能在哪里（图5-9、图5-10），有的甚至带有专门的入门学习模块。还有一些

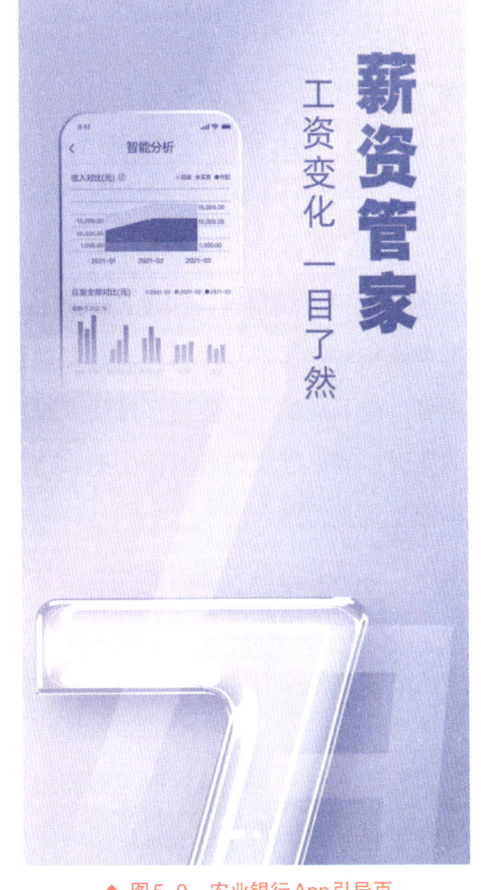

◆ 图5-8　百度地图导航分类

◆ 图5-9　农业银行App引导页

产品会强制新用户学习，学习完成后才能开始操作。

用户在接触交互产品后，一般会根据体验做出选择，要么放弃使用，要么继续使用。继续使用的情况下，用户会很快从初级使用者变成中级使用者。中级使用者熟悉产品的一些常用功能，但不会花过多时间去深入了解那些自己不常用的功能，甚至根本不会花时间去了解。对于中级使用者，交互设计时不需要像初级使用者那样详细地引导和帮助，需要的是提供一些必要的提示。中级使用者已经熟悉了产品，常规操作没有问题，偶尔遇到一些障碍时，给予提示即可。很多App有了新版本后，会提示用户更新。在更新后，常用按钮位置发生了变化，会给出提示某某功能搬家到哪里了。例如平安银行App（图5-11），在页面下端用一个小动效的手提醒用户点击这里查询余额。

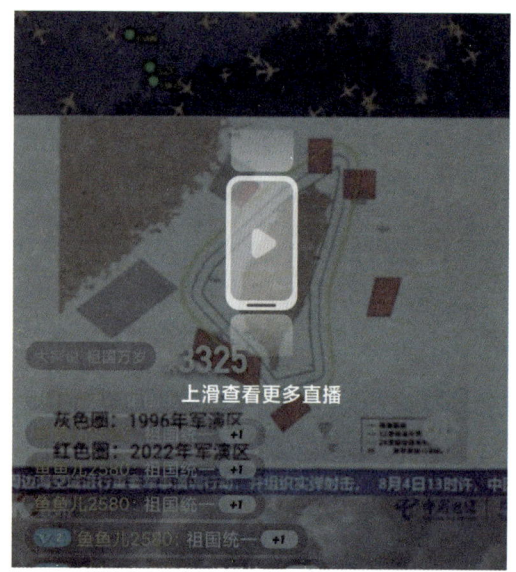

◆ 图5-10　百度直播新用户操作引导

◆ 图5-11　平安银行App查询余额提示

一些中级使用者会深度使用产品，并最终成为专家使用者。专家使用者对产品可以说是非常了解，对各种功能如数家珍，能把产品功能发挥到极致。对于专家使用者，交互产品的功能越多越强大越好。专家使用者需要的是掌控力，因为增加功能而增加复杂程度是可以接受的，他们会觉得一些引导和帮助是画蛇添足，一般也不需要累赘的提示。

一般而言，初级使用者和专家使用者的人数都很少，中级使用者的人数是最多的。三种不同的使用者，对产品交互设计的要求是不同的。我们在进行交互设计时应该如何平衡三者之间的关系？我们应当以中级使用者为主，同时把三种使用者的需求都考虑到。

我们在进行交互设计时应当有引导和帮助初级使用者快速上手的设计，但不能过分地偏向初级使用者，因为初级使用者会快速地成为中级使用者，会不再需要那些多余的引导和帮助。因此，在设计时，引导和帮助功能应设计为可以跳过或者关闭。

同时我们也不能为了满足专家使用者的需求而无限扩充功能，这样会使产品庞大而臃肿，效率降低，浪费资源。很多专家推测，即便是人数最多的中级使用者，也只会用到产品20%的功能。那么是不是可以把大部分不常用的功能去掉？这也不行，要留给那些从中级使用者晋级成的专家使用者。以中级使用者为主，对其常用功能重点设计，不常用功能也要适当地保留。例如百度App（图5-12），其主要功能为搜索，但是也保留了众多不常用功能。

◆ 图5-12　百度App功能展示

5.2　交互设计常用的8个策略

交互设计是一门交叉学科，涉及的范围十分广泛，各种策略层出不穷。经过几十年的发展和实践，目前交互设计领域最常用的策略有以下8个。

5.2.1 反馈策略

反馈策略是指用户的每一个操作都应得到适当的反馈。反馈策略可以说是交互设计的核心策略和最基本的策略。交互设计不是一种单向的传输，而是一种双向的互动。用户操作之后，对用户有一个反馈，这才是交互。

反馈可以表现为视觉、声音、震动等多种形式。当我们点击网页链接时，网页会跳转到新的页面；当我们用手指划过手机屏幕时，手机界面会切换；当我们点按音乐播放按钮时，音乐会响起，这些都是反馈。还有些反馈是多种形式结合在一起的，例如我们熟悉的Windows操作系统中的错误警告就是弹出警告图形窗口，并伴随着"嗡"的声音。

反馈广泛存在于交互的各个环节，很多用户可能没有注意到的细节处交互设计师也进行了精心的设计。当我们按住手机上的某个应用图标时，图标的大小会发生变化，这是反馈，表示我们当前按住的是哪个图标；当我们浏览新闻时，我们浏览过的内容，其标题会变成灰色，这是反馈；当我们在电脑上选中某个文件时，这个文件图标会变色，这也是反馈。例如在 Windows 系统中（图5-13），当选中某个文件夹时，文件夹就会变色。

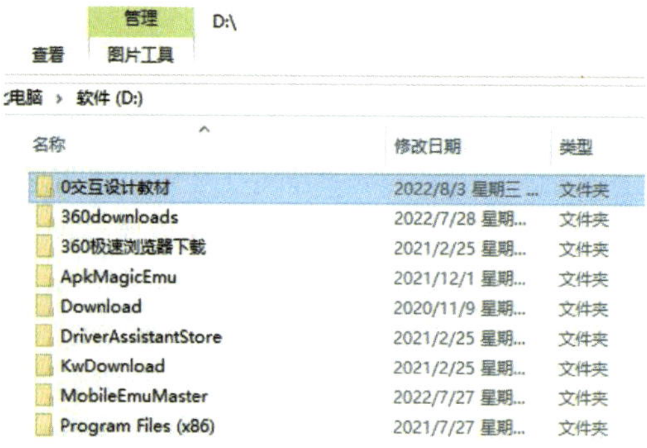

◆ 图5-13　文件夹变色

反馈的时间需要高度重视。一般而言，反馈应当及时，用户操作后，应当立即给予反馈。如果反馈的时间过长，用户操作后，等待较长时间没收到反馈，用户会以为是产品出了问题，或者失去耐心，放弃使用产品。反馈不及时，用户还会以为自己的操作没有成功，从而反复操作，这加剧了产品的负荷，反馈会更慢，甚至会卡死，产生错误。所以，在交互设计时，要注意及时反馈。在0.1秒内的反馈，可以看作实时反馈，用户会感觉非常流畅。在0.1秒和1秒之间的反馈，用户会感觉有些卡顿。大于1秒的反馈，用户就有些不耐烦了。大于10秒还没有反馈，用户基本上就不抱希望了，会认为系统一定出了问题。

有些操作确实需要一定的时间才能完成，例如下载、拷贝、安装等。这些操作最终结果的反馈需要一定时间。那么我们是不是就一定要等到最终结果完成才给用户反馈呢？不是的！最终结果可能要等待几个小时，甚至几天才能完成，完成了再反馈，用户早就没有耐心了。我们在设计时，可以把进度及时地反馈给用户，让用户了解当前操作的完成情况，给用户一个明确的预期。比较经典的设计案例就是进度条（图5-14）。

◆ 图5-14　复制文件进度条

用户的操作和反馈是可以形成一个循环的。在这个循环中，用户下一步行为的决策，往往依赖前一步行为的反馈，用户会根据前一步行为反馈的结果来决定下一步该如何去做。例如在对战游戏中的队形、走位、攻击等操作都是电光火石之间根据反馈实时调整的，一念之差可能就会输掉比赛。在这个循环中，反馈又可以分为正反馈和负反馈。正反馈是用户的操作得到了正面的激励，正反馈的用户会在这个操作上更加积极，而更加积极的操作又会带来更多的正面激励；负反馈是用户的操作得到了负面的影响，负反馈的用户会对这个操作更消极，更消极的操作带来更加负面的影响。

你有没有过本来只想看30分钟手机，结果一刷手机就停不下来，到凌晨2点还不想睡觉的经历？这样就是陷入了正反馈循环。一般而言，我们在做交互设计时给予用户的反馈应当是正反馈，这样才能促进用户更多地使用我们的交互产品。对于正反馈，我们应当尽快反馈，缩短循环时间。智能手机上的很多应用都有推送机制，迎合用户的喜好进行个性化的推送（图5-15）。用户喜欢什么内容，应用就更多地推送什么内容，快速地形成正反馈循环，使用户沉迷其中无法自拔。而有时候，操作的结果是负反馈，系统不希望用户对反馈太敏感，可以对反馈进行适当延迟，尽量减低或减轻负反馈的体验。例如刷信用卡购物，用户购物时并不用拿出现金，平时购物时感受不到花了太多钱，会不知不觉地消费更多，每个月偿还信用卡账单时才会负反馈一次。

◆ 图5-15　手机上的各种应用的推送消息

反馈的信息有时需要通过量化的方式呈现出来。例如前面提到的进度条，就把当前进度以百分比这种量化的方式呈现了。还有一种量化的方式，就是将反馈处理成可以积累的数字。例如支付宝用户积分（图5-16），把每一次用户的行为转化为对应的积分，使反馈的效果更加明确。

◆ 图5-16　支付宝积分

反馈的信息有时还需要有可比性，要有对比才能有比较好的正反馈效果。例如用户在进行理财时，会比较关注收益。一般情况下系统会反馈收益金额和收益率，也就是你赚了多少钱，赚的钱是本金的百分之几。很多用户还会关心自己的收益率和别人相比是高还是低，有锚定心理，一些理财平台就提供了对比的反馈。例如支付宝理财页面就提供了理财的收益率对比（图5-17），会反馈该用户超越了多少基民，激励其更加努力。

5.2.2 惯例策略

人类社会在几千年的发展中逐渐形成了许多惯例，这些惯例具有很顽强的生命力和稳固的基础，它是人类经验的总结和现行通用的做法。惯例策略要求我们要重视惯例，充分地利用惯例进行交互设计。

对设计者而言，在进行交互设计时，需要借鉴、遵循和运用一些惯例，并对惯例进行分析、选择，以快速构建自己的产品架构，营造更好的用户体验。有很多目前大家都习惯而且确实是高效合理的做法，这条路早已经存在，设计者其实没有必要浪费时间和精力再重新发现这条路，从头做起。有些惯例是多次失败后总结的经验，已被证明是最行之有效的方法，设计者没有必要再去试错。有些惯例已经成为一个国家或者民族的文化特征，设计者要充分尊重，不要为了显得与众不同而标新立异。例如网页和电脑程序都会把关闭按钮放在右上角（图5-18），这是一个惯例，我们在做设计时就没有必要再费尽心思地将其放在其他的地方了。

◆ 图5-17 支付宝基金收益展示

◆ 图5-18 360浏览器右上角

很多网站会把自己的Logo放在页面的左上角，这是一种惯例，是为了突出显示自己的品牌，左上角是最有效的展示位置。因为人们的阅读习惯是从左往右，从上到下，左上角一般是最先看到的区域。另外，无论页面如何缩放，左上角的位置不用担心被延伸至屏幕画面外。例如华为商城（图5-19）和搜狐（图5-20）等网站，都是按照这个惯例设计的，把自己的Logo放置在网站左上角位置。

◆ 图5-19 华为商城网站首页局部

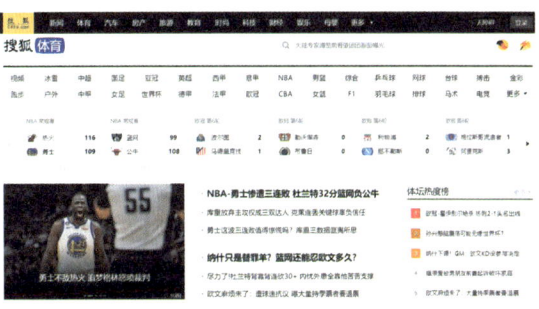

◆ 图5-20 搜狐新闻网页局部

春节是我们国家的传统节日，是喜庆的节日。很多网站或者App都会在春节期间将页面配色改成以红色为主（图5-21），因为在我们国家的传统文化中红色是喜庆的颜色，红色代表喜庆是我们中国传统文化的惯例。

◆ 图5-21 百度App春节配色

对用户而言，产品如果按照惯例来设计，用户就会根据以往的使用经验来快速熟悉和掌握产品，减少学习时间，降低操作难度。例如汽车的油门和刹车分别是两个踏板，用户踩油门加速，踩刹车减速，这是一个惯例。但是有些汽车厂商却标新立异地把油门和刹车功能设计在了一个踏板上，踩下踏板是加速，松开踏板是刹车。这个设计好不好？不好说。但它违背了人们长久以来的习惯，很容易造成事故。因为驾驶员习惯了两个踏板的模式，学习和适应单踏板模式需要花费不少时间，而且在出现紧急情况时，驾驶员会本能地去使用两个踏板来控制车辆，在单踏板模式下，就容易操作失误。

但惯例也不一定是无法改变的。经过教育和学习，有些惯例是可以打破的。完全遵循惯例会让我们的设计僵化，没有独特性，缺少创新和发展。那我们该如何做呢？我们要灵活运用惯例。

灵活运用惯例可以分成三步：第一步，寻找、发现、收集惯例，找到类似产品有哪些惯例；第二步，对惯例进行分析和研究，搞清惯例形成的原因和机制；第三步，探讨使用和改进惯例的可能性和方法。总而言之，对惯例我们不要教条地去全盘接受，而要批判地、辩证地去运用。

5.2.3 关联对应策略

关联对应策略是在进行交互设计时要想办法让操作行为和效果产生正确的关联对应。当我们把鼠标向左边移动时，光标会向左移动，这就是正确的关联对应；如果我们把鼠标向左移动，光标却向右移动，这就是没有形成正确的关联对应。正确的关联对应，会带来良好的用户体验，会让用户顺利地实现目标；而错误的对应则会给用户的操作带来很大的阻碍，容易让用户的操作失误。

有些关联对应是物理位置上的关联对应。举个例子，一般而言，电梯按钮的排列是按照一定顺序和规律排列的，例如从低到高依次排列，这就是物理位置上的关联对应，这样便于乘客快速、准确地找到想要到达的楼层按钮。如果把电梯按钮排列得杂乱无章（图5-22），乘客不但要花费大量时间来寻找自己想要到达的楼层按钮，还非常容易按错按钮。我们在设计中，应该尽量避免这种混乱的关联对应。

◆ 图5-22 杂乱的电梯按钮

有些关联对应是逻辑或习惯上的关联对应。例如空调遥控器上的温度控制按钮（图5-23），"+"应该代表温度升高，"-"应该代表温度降低。这是逻辑上的关联对应。但如果我们按下了"+"键，温度反而降低了，这就违背了我们的一般逻辑，会给我们造成很大的困扰。再例如某些排行榜中一些向上箭头和向下箭头的含义（图5-24），向下的箭头表示的到底是由高到低排列还是由低到高排列？这容易造成逻辑上的歧义，使用户无法建立正确的逻辑上的关联对应。

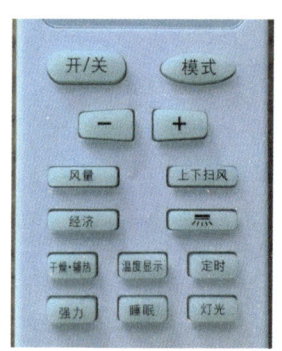

◆ 图5-23 空调遥控器

◆ 图5-24 商品排行榜

有些关联对应是基于用户期望的关联对应。例如系统许诺给用户一个香蕉，用户操作后得到了一个香蕉，这就符合了用户的期望，建立了正确的关联对应。如果用户操作后得到的是一个西瓜，这就和用户的期望不匹配，没有建立正确的关联对应。很多人对标题党颇有微词，就是因为标题起得骇人听闻，结果点击进去一看，内容却不相符，根本不符合用户的期望。吃一堑，长一智，用户以后再看到类似的标题，就会慎重点击。

例如，某App上砍价或者提现还差那最后0.04元（图5-25），看似很容易，结果可能是你操作再多也达不到的，很多用户因此而产生了很糟糕的体验。

5.2.4 制约策略

制约策略是采取一定的措施来防止用户犯错的策略。用户在操作时，有时会犯错误，就算十分熟练的专家级使用者，也无法保证百分之百正确。因此，需要采取一定的措施来避免错误产生，帮助用户不需要花费额外的精力去完成正确的操作。例如电脑的USB接口（图5-26）就采用了制约策略来防止用户插错，你如果插错了方向，U盘就插不进去。最多两次尝试，U盘就可以顺利插入，哪怕在黑暗的地方看不清接口方向也可以完成操作。

◆ 图5-25 某App提现游戏

有的制约策略采用的是可视化的措施。例如一些智能水杯会监测、显示水杯中水的温度，并用颜色来提醒水是冷还是热（图5-27）。红色表示当前水温较高，提醒用户不要直接饮用，防止被烫伤。

◆ 图5-26 电脑的USB接口

◆ 图5-27 某款智能水杯

有的制约策略采用的是声音的方式。例如开车时没有系安全带或者车门没有关好，除了在仪表盘上会显示提醒外，汽车还会一直响起提醒声。有的制约策略采用的是震动的方式，例如一些公路的路边会有凹凸不平的边缘（图5-28），当车辆偏离车道、靠近边缘时，车体会有强烈的震动，会指示驾驶员及时调整方向。

◆ 图5-28 震动车道边缘线

有时人们没有意识到自己的错误或者不愿意改正错误，这时的制约策略就需要采取强制措施了，这就是强制性制约。减速带就是强制性制约，为了保证安全，强制驾驶员刹车，降低车辆速度。目前很多公司正在开发的智能辅助驾驶系统也采用了强制性的制约，如果监测到驾驶员没有按照安全规范驾驶汽车（如开车打瞌睡等），会强制驾驶员改正，否则无法继续驾驶汽车（图5-29）。

更多的时候，设计者是对产品的极限进行限定，用户操作超过极限后，反馈不再继续增加，这种制约是极限性制约。例如我们把鼠标指针移动到屏幕边缘时，无论我们再怎么向外面移动鼠标，指针都会停止在屏幕边缘（图5-30）。

◆ 图5-29　某品牌汽车疲劳驾驶监测

◆ 图5-30　鼠标指针移动到边缘

设计者还可以将某些操作程序复杂化，起到保险的作用，防止发生错误，这种制约就是保险性制约。例如在手机的关机操作上，并不是按下关机键就关机了，一般都需要长按关机键，然后会弹出一个关机的询问窗口，最后再让用户滑动关机按钮到指定位置关机（图5-31）。

5.2.5 脆弱环节策略

脆弱环节策略就是在系统中刻意留下一个不重要的脆弱环节，当意外情况发生时这个脆弱环节会首先发生故障或损坏，整个系统停止被侵害，从而保护系统的重要部分。这个脆弱环节就像一根保险丝一样，当电流过

◆ 图5-31　手机滑动关机界面

大时，保险丝首先熔断，断电保护，以免造成损害。这是一种非常值得推崇的做法，用较小的代价，换取重要部分的安全。例如电脑经常见到的蓝屏（图5-32），就是操作系统刻意留下的脆弱环节。操作系统在遇到软件、硬件的错误和故障时，主动停止运行，出现蓝屏，报告错误，以免进一步损坏软件或者硬件。

需要注意的是，脆弱环节的阈值不能设置得太低，对于一般性的小错误，系统若能承受就不要启动脆弱环节。当出现较严重、危险的错误，会对系统造成重大损害的时候再启动脆弱环节，是一种比较合适的做法。否则，系统动不动就死机、重启，会严重降低工作效率，浪费用户大量时间和精力，用户会十分厌烦。

◆ 图5-32 电脑蓝屏

5.2.6 一致性策略

一致性策略是指交互设计时整体设计要有一致性。从架构、内容、配色、文案、构图等方面都要保持一致。如果不能保持一致，就很容易造成使用的障碍，让用户无所适从。保持一致能提高效率，减少用户的学习时间，有助于用户快速熟悉产品的交互规则，能够快速地建立起产品或公司的形象。例如京东商城App就在各级页面的架构上保持了一致性，以方便用户使用（图5-33）。

一致性策略在系列产品中的表现更加突出。例如宝宝巴士系列App就保持了较好的一致性，不仅在单个应用上保持了风格一致，在多个系列的应用上也保持了风格的一致（图5-34）。各个应用内容上覆盖了不同领域，但各种形式和互动规则是相同或者相似的，用户使用起来并不会觉得突然或者有障碍。

◆ 图5-33 京东商城App页面架构

◆ 图5-34 宝宝巴士

需要注意的是，一致性策略并不是要求所有方面都保持完全一致，而要灵活去实现。所有方面都保持完全一致是没有必要的，会让你的产品显得死板、无趣，而且会限制产品的发挥空间。产品只需要在部分方面有重点地保持一致或者相似即可，例如IP形象的一致性、经典配色的一致性、启动页面的一致性、特殊标志的一致性等方面。在保持一致性的前提下，交互产品可以通过一定的变化更好地突出重点。苹果公司系列产品就是在品牌调性、配色、Logo等方面共同营造了一种科技感，保持了一致性，同时各个产品的细节却又不同（图5-35）。

◆ 图5-35　苹果公司系列产品

5.2.7 能见度策略

　　能见度策略指的是尽量将产品的功能明显地呈现在用户面前，方便用户使用。功能越明显，用户使用起来越容易和方便。对于功能简单的系统，能见度很容易做到，只需要把功能放置在醒目的位置即可。例如电灯开关，只有一个按键来控制电灯，能见度很高。但对于复杂功能的交互系统，能见度的设计就是一个需要深入探讨的事情了。

　　对于复杂功能的交互系统，把所有的功能都放置在界面首层是否能见度就高了呢？并不一定！过多的功能堆积在第一层会让每一个功能都得不到充分展示，没有重点，反而会降低效率，并会增加用户的操作困难，造成用户的混淆。例如号称世界上广告最多的网站"milliondollarhomepage.com"，网站首页上的广告数量令人叹为观止，简直是广告的海洋，但每一个广告都淹没在这个海洋里难以被发现，其广告效果一言难尽。

　　为了达到合理的能见度，交互设计上有浅宽信息架构和窄深信息架构两种方式。两种架构的共同点是不追求把所有功能都堆积在界面第一层，而是把功能分组、分类。最常见的表现方式就是多级菜单。两种架构的不同在于浅宽信息架构的菜单级数比较少，一般为二级；窄深信息架构则是菜单级数比较多，一般至少到三级菜单。

假设某个交互产品总共32个功能，设置4个一级菜单选项，每个一级菜单下设置8个二级菜单选项，这就是浅宽信息架构；如果设置4个一级菜单选项，每个一级菜单下设置4个二级菜单选项，每个二级菜单下设置2个三级菜单选项，这就是窄深信息架构。根据很多学者的研究，一般而言，浅宽信息架构的能见度更高，用户更容易接受，使用起来更方便快捷。而窄深信息架构的能见度则略逊一等，级数越多，能见度越低，用户使用起来越费时费力。例如支付宝App的应用中心就以浅宽信息架构的方式表现，功能分组呈现，用两个层级展示功能，能见度较高（图5-36）。

在考虑能见度时，并不是所有功能的能见度都要高，对一些特殊的功能要特殊考虑。一些危险的功能、可能对系统造成重大损坏的功能，其能见度应该较低。例如小米手机中的恢复出厂设置功能（图5-37），隐藏在第三层级，用户需要依次点击"设置—我的设备—恢复出厂设置"才能到达功能页面，能见度较低。

◆ 图5-36 支付宝App应用中心

对产品一些常用的、使用频率较高的功能，应该具有较高的能见度，将其安排在较为醒目的位置。很多应用会把最常用的一些功能安排在首页第一层去展示。例如铁路12306就把最常用的购票功能放在首页上最醒目的位置，用最大的篇幅突出展示（图5-38）。

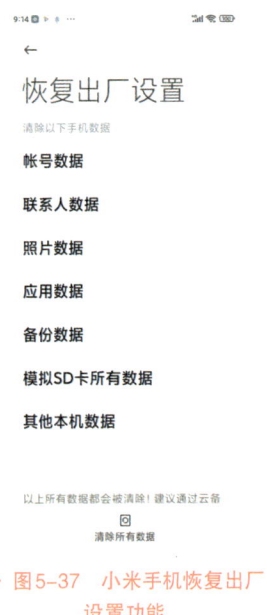

◆ 图5-37 小米手机恢复出厂设置功能

◆ 图5-38 铁路12306购票功能

每个用户的喜好不同,所使用的常用功能也不同。对甲用户,A功能的能见度要优先考虑;但对乙用户,B功能的能见度可能比A功能更优先。即使是同一个用户,有时需求也会发生变化,包括常用的功能也会发生改变,可能去年常用的是A功能,今年常用的却是B功能。在能见度的安排上,设计者可以根据用户的喜好适当地进行变化。例如微信小程序(图5-39)就把用户近期常用的小程序优先展示,最近使用的就最先展示,能见度较高,以方便用户操作。同时,它还设计了用户自定义展示,用户可以把自己喜欢的小程序固定展示,能见度也较高。

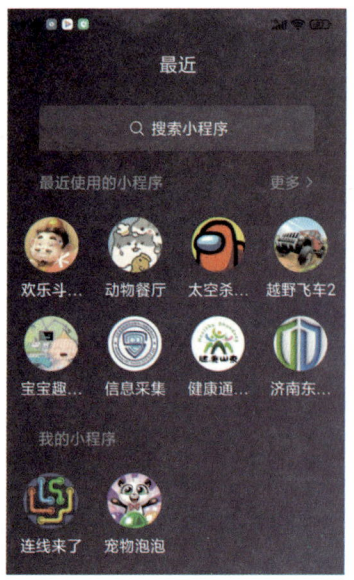

◆ 图5-39 微信小程序

5.2.8 个性化策略

每个人都是独特的个体,都是在这个世界上独一无二的存在。每个用户都有自己的个性,都有自己独特的想法、喜好和需求。开发者也是具有自己独特风格的个体,其做出的交互设计不可避免地会带有自己的个性烙印。从这个角度考虑,交互设计的个性化是必然的。个性化策略能更好地满足用户需求,提升用户体验。

个性化策略包括三个方面:一是交互产品本身的个性化,交互产品具有独特的风格和特点;二是交互产品能够提供用户需要的个性化的服务;三是交互产品能够让用户自己设定甚至改变产品,形成用户自己的个性化产品。

个性化策略是非常普遍的,交互产品要有自己的个性化策略才能在市场上生存下来。例如小米手机主打性价比,价格亲民;苹果手机主打中高端体验,价格不菲。我们不能单纯地说哪个好哪个不好,这些产品有自己的个性,提供了不同的个性化的服务,就有其存在的价值。没有个性化策略的产品,很容易被取代。在众多同质化产品的竞争中,很快就会被市场淘汰。在智能手机刚刚兴起时,全国曾经涌现出众多智能手机品牌,现在绝大部分都消失了。而具有个性化策略的产品,其生存概率要大很多。例如VIVO系列手机(图5-40),论性价比,它比不过小米,论高端,它比不过苹果。它的价格不低,硬件性能一般,但是它却有一个非常成功的个性化策略:主打拍照功能,因此在众多手机品牌中成功杀出一条生路。

◆ 图5-40 VIVO手机

现在智能手机的桌面基本上都能提供个性化的设定,用户可以根据自己的喜好来确定桌面的图标,对图标的位置、大小、背景、主题、风格等进行设置(图5-41)。有些智能手机还提供了手势设定功能,让用户自己设定用什么样的手势实现什么样的操作。如截屏的操作,可以设定为两根手指或者三根手指同时下滑屏幕。这些都是为用户提供的个性化服务,形成用户个性化的产品,带来了更好的用户体验。

◆ 图5-41 小米手机个性化图标

课程思政

习近平同志指出:"在现阶段,我国社会的主要矛盾已转化为人民日益增长的美好生活需要和不平衡不充分的发展之间的矛盾。"交互设计的因素和各种策略本质上要满足人民群众日益增长的美好生活需要。

作业与思考

1.选择一个交互应用,分析说明影响交互设计的几个因素在这个应用中是如何表现的?

2.你觉得在当前常用的手机App中,有哪些在交互设计策略上有待改进?

3.谈谈你还有哪些交互设计的策略?

第六章

交互设计与格式塔心理学

学习目标

（1）了解格式塔心理学。
（2）掌握交互设计的接近性法则、相似性法则、熟悉/有意义法则、连续性法则、对称法则、封闭法则、元素连通性法则、共同命运法则、共同区域法则、同步法则。

6.1 格式塔心理学的起源

格式塔心理学又叫完形心理学，是心理学的一个重要学派。它对交互设计有着重要的影响。交互设计中的一些重要法则都由格式塔心理学引申而来。

格式塔心理学诞生于20世纪初期，创始人为德国心理学家韦特海默。1912年，德国心理学家韦特海默在法兰克福大学做了"似动现象"的实验研究，并发表了文章《移动知觉的实验研究》来描述这种现象，这被认为是格式塔心理学学派创立的标志。"似动现象"的实验研究来源于韦特海默随手在火车站购买的一个玩具——动景盘。动景盘就是将一张张静止的画面快速地依次呈现在人们的眼前。这时，人们好像看到了连续运动的画面，这就是一种"似动现象"。现在的影视、动画等领域，都是"似动现象"的具体表现。韦特海默买了动景盘后不禁思考为什么会看到连续的画面，他发现当时的心理学无法解释"似动现象"，所以就创立了格式塔心理学。

格式塔心理学代表人物除了韦特海默，还有苛勒和考夫卡。1913~1920年，苛勒任普鲁士科学院人类学研究所主任，并做了著名的猩猩实验。1911~1927年，考夫卡一直任职于吉森大学，并进行了题为"对格式塔心理学的贡献"的系列实验研究。1922年考夫卡发表于《心理学期刊》的《知觉—完形说引论》引起了强烈反响。1921年，韦特海默、苛勒和考夫卡联合精神病理学家库特·戈尔茨坦和汉斯·格鲁尔一起创办了刊物《心理研究》，不久该刊物就成为格式塔学派的主要阵地。

格式塔心理学主张研究直接经验（意识）和行为，强调经验和行为的整体性，认为整体不等于部分之和，人们在知觉时总会按照一定的形式把经验材料组织成有意义的整体，主张以整体的动力结构观来研究心理现象。格式塔心理学认为，直接经验就是主体当时感受到或体验到的一切，即主体在对现象的认识过程中所把握到的经验。这种经验是一个有意义的整体，是一种主观感受，它和外界的直接客观刺激并不完全一致。格式塔心理学把行为分为显明行为和细微行为，前者指个体在自身行为环境中的活动，后者指有机体内部的活动。格式塔心理学研究的是显明行为。

格式塔心理学的研究内容十分丰富，经历了多年的发展，总结出了很多具有现实指导意义的法则和规律。尽管格式塔心理学本身还存在一些不足和缺陷，但对于交互设计来说，有一些法则依然可以借鉴和使用，需要重点关注。

6.2 交互设计的重要法则

6.2.1 接近性法则

接近性法则指的是当有多个物体时，相互之间距离较近的物体，人们会倾向于将它们视为同一组（图6-1），请你尝试一下，你会把哪些红点分为一组？人们一般会自然地把距离相对较近的点归为一组，也就是1号、9号、4号、6号一组，5号、2号、7号、8号、3号一组。

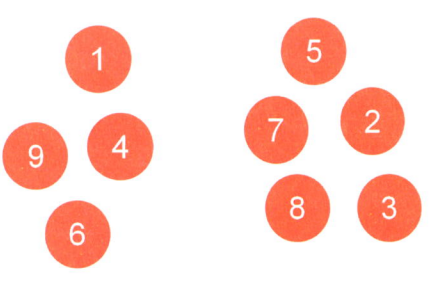

◆ 图6-1 根据接近性分组

其实接近性法则在我们的日常生活中会经常碰到，例如你在超市结账时，如果你离前面一个顾客太近，收银员就会习惯性地问一句："你们是一起的吗？"收银员就利用了接近性法则，把你和前面的顾客分为一组，本意是方便一起结账。这时如果你很尴尬地后退一步，即使你什么话也没有说，收银员也能明白你们不是一起的。你也利用了接近性法则来消除误会。

在交互设计时，我们应当把同一组元素安排得靠近一些，把非同一组元素安排得分散一些，方便用户快速识别分组，以免造成误解。例如当当网的一些书籍商品展示页面将同一个商品的展示信息安排得非常靠近，书名、作者、价格等信息依次排列在介绍图片下部，并与另外一个商品的展示信息保持一定的距离，以示区分（图6-2）。

◆ 图6-2 当当网书籍展示页面

如果在交互设计时,将同组元素安排得较为分散,或者同组元素过于接近其他组元素,用户容易判断错误,从而在交互上带来负面的影响。这样增大了用户认知和识别的压力,给用户带来了不好的体验。同时也要注意不同组元素并不是离得越远越好。离得太远虽然利用接近性法则方便了用户对分组的识别,但会造成用户的焦点从一组转移到另一组时所耗费的时间更长。因此,要适当控制元素间的距离,把握好这个度。

6.2.2 相似性法则

相似性法则是指当物体具有类似或者相同的特征时,人们会倾向于将它们视为同一组。如图6-3中的圆点大小完全一致,圆点整齐排列,人们一般会把红色的圆点视为一组,把黄色的圆点视为另外一组。这是因为圆点的颜色不同,人们会把相同颜色的圆点视为一组,这就是相似性法则的表现。

这种类似或者相同的特征不仅是颜色,还可以是形状、大小、位置、图案、材质、声音等方面。再来看图6-4,图中元素颜色相同,但是形状不同,人们一般会把相同形状的元素视为一组,也就是把三角形视为一组,把矩形视为另外一组。需要注意的是,特征不需要完全相同,只要在某些特征或者局部上相同或者相似,人们就会产生联想,将它们联系在一起,视为同组。

◆ 图6-3 根据颜色分组　　　　　◆ 图6-4 根据形状分组

在交互设计中,基于相似性原则,我们应该增加属于同一组项目的相似性,减少不属于同一组项目的相似性。例如拼多多App的女装频道(图6-5)把女装细分了十几种类别,但用较为类似的风格图片、相同的字体和大小来增加女装同一组项目的相似性。

相似性原则在交互设计中还常见于两个方面。一方面是利用相似度来整合产品，统一风格。例如京东商城网站（图6-6），在分类菜单中就使用相同的字体、颜色、布局、背景等元素来统一网站风格。另个方面就是利用差异来突出显示不同内容。例如小米手机的屏幕使用时长统计（图6-7），用一种颜色的立柱表示过去几天的屏幕使用时长，用另外一种颜色的立柱来表示今天的屏幕使用时长，使用户一眼就能辨别而不产生混淆，这就是利用了颜色差异。

◆ 图6-5 拼多多女装频道

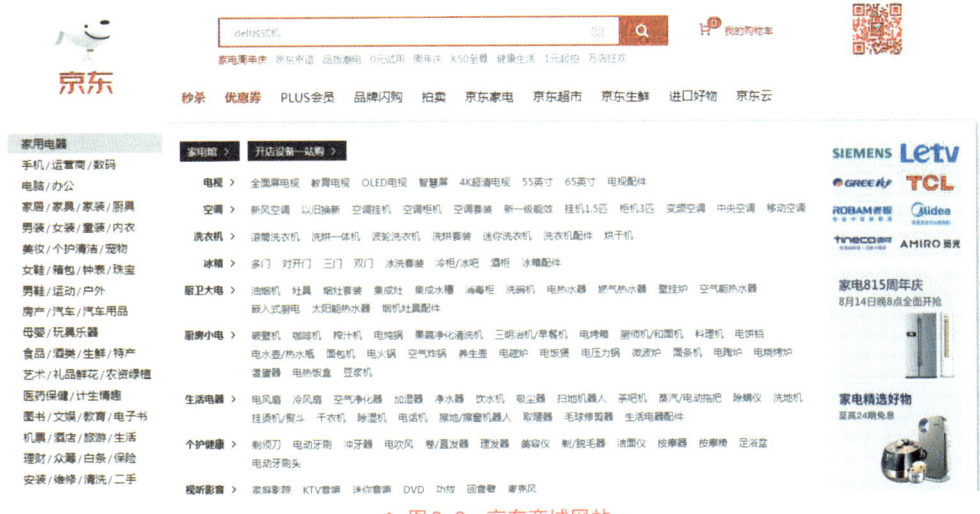

◆ 图6-6 京东商城网站

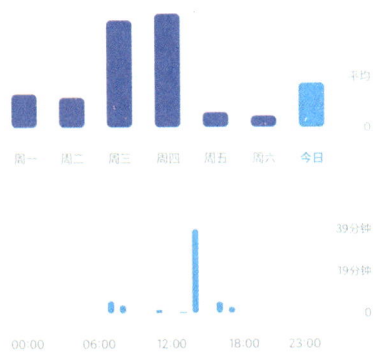

◆ 图6-7 小米手机屏幕使用时长统计

6.2.3 熟悉/有意义法则

熟悉/有意义法则是指我们基于自己以往的经历，获得了对世界的认识等信息，形成了自己的记忆和心理表征，当我们看到类似于以前的事件时，这些记忆和心理表征就会被激发。换句话说就是自己的经验会指导自己面对类似事件该如何处理。例如我们要把门推开才能进入室内，我们要按下饮水机出水口按钮才能接到水喝，这些都是我们的生活经验。所以当你来到一个新的办公室，虽然你是第一次来，但你也知道要开门才能进去。

当我们见到图6-8时一般都会认为这个图案是一张笑脸。虽然这个图案非常简单，提供的信息非常少，但我们根据以往的经验还是做出了判断。因为我们在以往的经验中，见过很多真实的笑脸或者图案，所以见到这个图案我们关于笑脸的记忆和心理表征就被激发了。

◆ 图6-8　简单表情图案

根据熟悉/有意义法则，我们在进行交互设计时，如果元素或其组合是用户所熟悉的，那么用户几乎可以立即识别，并根据经验顺利地完成交互；如果元素或其组合是用户所不熟悉的，用户可能需要更长的时间来学习和掌握交互操作。因此，我们在交互设计时，应该尽可能地使用用户熟悉的元素，构建符合用户经验的互动模式。

例如很多手机浏览器右上角处有三个竖着排列的圆点（图6-9），大多数用户都知道它是一个隐藏菜单，里面隐藏着很多内容。因为在交互设计中这是常用的元素形式，用户基本都很熟悉，所以能立即识别。类似的隐藏菜单，有的应用是用三道横杠来表示（图6-10）。不过，对于第一次接触到这种隐藏菜单的用户来说，可能需要花一些时间来适应。因此，一些交互产品没有采用这种图形，而是用导航、菜单、选项等文字来代替隐藏菜单图形。还有一些则是直接把菜单全部显示，屏幕之外的内容用户可以滑动屏幕看到。

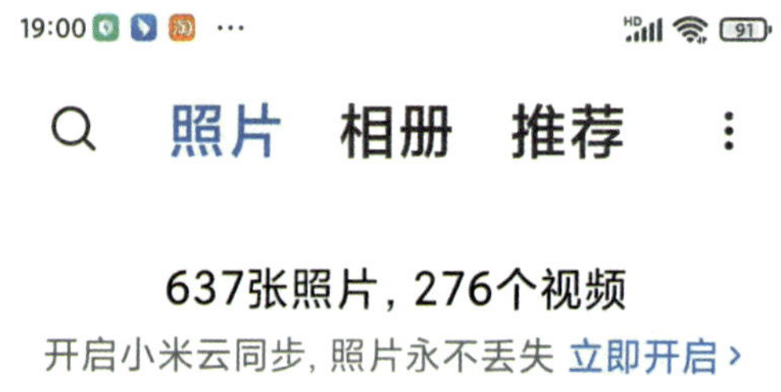

◆ 图6-9　手机相册右上角隐藏菜单 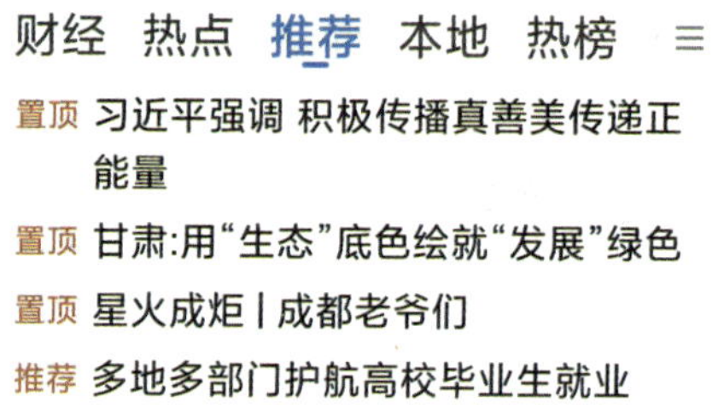　　◆ 图6-10　手机浏览器右上角隐藏菜单

有些交互产品在其元素的设计上和实体按键功能相似，使用户感到非常熟悉，操作起来非常顺利。例如音乐播放器的界面元素（图6-11），播放、暂停、上一曲、下一曲等按钮元素，其图形和以前实体播放器按键相似，用户可以立即识别，并借助经验顺利完成操作。

◆ 图6-11　QQ音乐播放器按钮

6.2.4 连续性法则

连续性法则指的是一个物体即使部分被遮挡或者不可见，人类仍能判断出它是一个连续的整体，人类在视觉上会去寻找延续性的线条，把在延续方向上的不连续的线条联系起来，形成一个连续的路线。

我们来看图6-12，红色的线条被蓝色的圆形遮挡了一部分，能看见的是首尾两截，中间一部分看不见。虽然我们无法证实红色的线条被遮挡的部分到底有没有中断，但我们一般会认为红色的线条是连续的整体，是沿着原方向延续的。

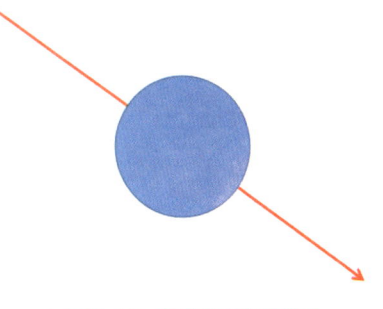

◆ 图6-12　部分被遮挡的线条

再来看图6-13，我们看到的是不连续的虚线。一般我们会认为这是两条线，一条线是从A到C，另一条线是从B到D。虽然线条是不连续的，但是人们一般仍会把它视为方向的延续，和连续的实线效果一样。另外，在延续的路径上，虽然存在多种可能，如从A到B，或者从A到D等，但人们一般会倾向于从A到C，从B到D。因为这样更符合我们人类的心理预期和经验。这是由现实生活中通过学习所获得的知识和生活中所积累的经验所决定的；同时这也是连续性法则的基础，揭示了我们人类对世界的体验深受自身内部的影响。

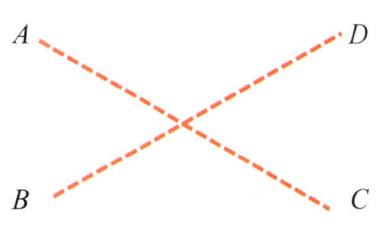

◆ 图6-13　不连续线条延续路径

连续性法则为交互设计提供了一些新的思路。我们在做交互设计时，经常会苦恼受限于屏幕大小，只能使部分内容呈现。我们可以利用连续性法则把一些内容合理地布局在屏幕之外，用户会自然地延续过去，拓宽边界。例如小米应用商店的推荐置顶区（图6-14），这个区域的大小有限，无法同时展示多个应用。第一个应用可以完整地看见，但第二个应用（位于页面右侧）只显示了一部分。这个部分显示，并不是偶然，而是刻意为之，这样人们立刻就能明白右侧还有更多内容，可以向左划动屏幕去查看更多内容，这就是连续性法则的应用。但如果不是只呈现了一部分，用户很可能还不知道右边有更多内容可以操作。

◆ 图6-14　小米应用商店

我们在做交互设计时，还经常担心屏幕内呈现的内容挤在一起会互相影响。连续性法则告诉我们，有些内容可以合理地相互遮挡，不影响用户的判断和操作。例如网易云音乐电脑客户端的图片轮播区（图6-15），采用了轮播图片相互遮挡的方式。当前图片呈现时会在最上层显示，前一张图片和后一张图片分别在左右两边，被遮挡了大部分，只能看到小部分，但这并不影响用户的判断和操作，用户仍然能识别被遮挡的图片。

◆ 图6-15　网易云音乐电脑客户端图片轮播区

6.2.5　对称法则

对称对于人类具有自然的吸引力。对称法则是指人类在感知物体时有一种天然的对称倾向。对称的东西会让人觉得舒服、有美感。我们人类本身的形体就是对称的，很多我们熟悉的事物也是对称的。无论是在自然界还是在人类社会，对称无处不在。

我们来看一下图6-16，哪一组图案让你感觉到最舒心？相信A组应该是大多数人的选择。因为A组是对称的图案。

对称法则是一个简单却又特别实用的法则。在交互设计中，对称法则的运用十分广

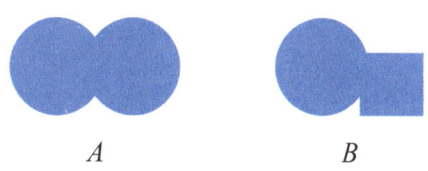

◆ 图6-16　对称对比

泛。交互界面经常采用对称式布局，例如中华人民共和国教育部网站首页（图6-17），就采用了左右对称的布局方式，庄重、大方、美观。大多数App界面采用的也是左右对称布局，例如美团App（图6-18），从顶端搜索栏，到主要功能区图标，再到商品展示区域，从上到下都是左右对称，中心线十分明显。

◆ 图6-17　教育部网站

◆ 图6-18　美团App界面

无论元素之间的距离是近还是远，人们都倾向于将对称的元素视为一组。在交互设计中，某些元素被安排为对称模式时，往往意味着它们属于同一组，用户会对其产生联系和联想。如果你在设计中没有什么好的想法，可以试试对称。对称的设计通常会令人满意，效果不会太差。但也要注意不要把对称做得过于死板，这样会显得沉闷。我们可以在对称的设计中加入一些不对称的元素来调节和增加变化。例如中国移动App界面在整体保持左右对称的布局时，局部区域有一些变化（图6-19）。

6.2.6 封闭法则

封闭法则指的是当图形不完整或者没有封闭时，人们会在大脑中补全缺失的部分，完成图形的封闭。如图6-20所示，当我们看到左边的图片时第一印象是什么？是不是看到了一个三角形的形状？左边的图形只是用三个开口的图形构成了三个角，其余的地方全是开放的、未封闭的空白。但我们的大脑自动地把空白封闭了起来，形成了三角形的图形。面对复杂图形会怎么样呢？接着我们再看右边的图形，你看到了什么？很明显是一只大熊猫。右边的图形比左边复杂一些，也是没有封闭的，但我们的大脑仍能自动把这个图形封闭起来，识别出这是一只大熊猫。

◆ 图6-19　中国移动App界面

封闭法则在交互设计的Logo设计中运用得较多。例如USA Network网站的Logo就运用了封闭法则（图6-21）。Logo中"usa"三个字母中"u"和"a"是白色的封闭图形，两者之间是未封闭的"s"，我们仍然能识别出字母"s"。

◆ 图6-20　封闭法则

◆ 图6-21　USA Network图标

很多App的图标设计也运用了封闭法则，形成独特的风格。例如支付宝App的图标就把"支"字的最后一笔延伸到图标界面外，形成一个未封闭的图形，但用户仍能识别它（图6-22）。

◆ 图6-22　支付宝图标

6.2.7 元素连通性法则

元素连通性法则指的是人们倾向于将连接起来的元素视为一组。如图6-23所示，画面中被黑线连接起来的8个圆点我们会倾向于将其视为一组，而且会显得比其他圆点特殊。这8个圆点所在的位置并无规律可循，为随机分布。如果没有黑线将它们连接起来，我们无论如何是不会想到它们是一组的，而且它们会和其他圆点一样普通，不引人注目。

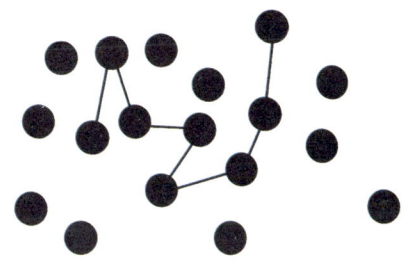

◆ 图6-23 元素连通性法则

在交互设计中，如果一些同组元素分布得比较分散，我们可以使用线条等方式把它们连接起来，从而取得引人注目的效果。例如百度地图App中，出发地、目的地、经过地之间分布得较为分散，用线路图把这些分散的点串联起来就显得十分清晰、一目了然了（图6-24）。在很大的地图范围内，多个道路、地点都会显示出来，用户只需要用到上面分散在各处的一小部分信息，用元素连通性法则可以突出重点，避免用户处理过多的无用信息。

很多手机系统和App中带有绘制图形解锁的功能，也与元素连通性法则有关。屏幕上有多个相同的点组成的点阵，用户需要把点和点之间连接起来，画出正确的图形才能解锁（图6-25）。

◆ 图6-24 百度地图导航

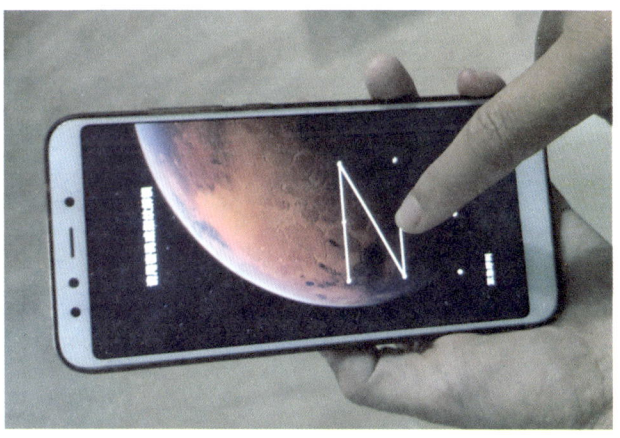

◆ 图6-25 绘制图形解锁

6.2.8 共同命运法则

共同命运法则指的是人类倾向于将向同一方向移动或动作一致的视觉元素视为一组。一条马路上有往东走的人，也有往西走的人，我们会倾向于把往东走的人视为一组，而把往西走的人视为另一组。如图6-26所示，看到这张图时，你会把这些箭头如何分组？一般人会分成两组，一组是向左的箭头，另一组是向右的箭头。因为它们是向同一方向移动或者是动作一致的，这就是共同命运法则的体现。

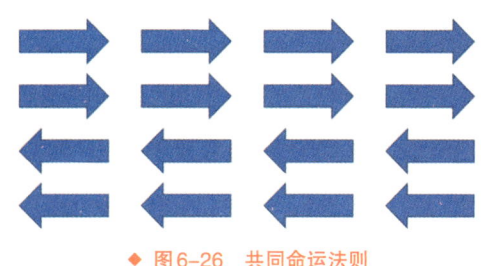

◆ 图6-26　共同命运法则

我们在做交互设计时，可以把属于同一组别的元素设计为运动方向一致或者行动一致。例如同组按钮的箭头方向相一致、同组菜单的弹出方向一致、同组动效的运动方向一致等。对于需要进行区别的不同组别元素，则可以设计为运动方向不一致或者行动不一致。例如前进与后退两个模块的元素可以在运动方向上设计得截然相反，放大与缩小、上一步与下一步等都可以借鉴。WPS在文字设置选项中就有很多按钮的箭头方向不同（图6-27）。

◆ 图6-27　WPS文字设置选项

共同命运法则还可以运用到用户群体研究方面。用户群体中行为相似或者一致的人，他们的共同点可能会比较多，他们的喜好可能会一致，更容易互相认同，形成共同命运，在互动模型上也可能有相同的匹配度。

6.2.9 共同区域法则

共同区域法则指的是当元素被清晰的边界包围时，人们将该区域内的所有项目视为一组。我们看一下图6-28，有几个圆点被黑色的边框包围了起来，你会如何对这些圆点分组？一般人会将被包围起来的圆点自然地看成一组，并与其他圆点区分开来，这就是共同区域法则的表现。

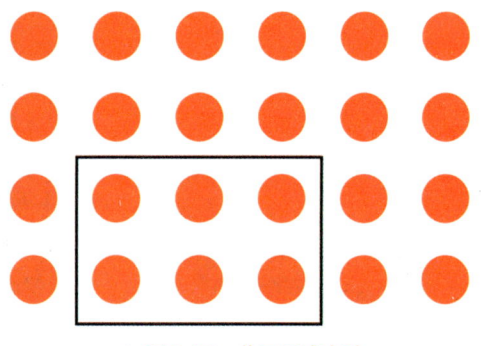

◆ 图6-28　共同区域法则

共同区域法则是一种高效率的、快速区分元素群组的法则。一般场景中当有多个元素呈现时，用户要费时费力地去识别所有元素，才能准确进行群组的区分。利用共同区域法则，可以使用户快速直接、目标明确地感知分组，而不用考虑场景中的其他所有元素。当面临更复杂一些的情况时更是如此。如图6-29所示，画面中元素非常繁杂，也没有什么规律可循，但我们一般能立即认为被红线圈起来的是一组，不会花费太多精力即可做到，即使它不在画面的中心，也不占据画面的大部分。

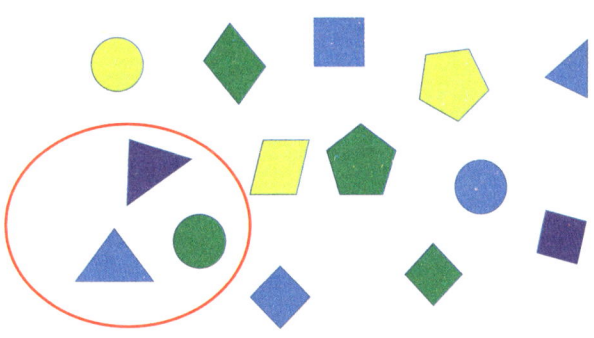

◆ 图6-29　复杂元素

共同区域法则是交互设计中运用得非常广泛而且十分实用的法则，也是界面设计中最基础的法则之一。运用好共同区域法则，可以使用户更快速、高效地识别相关元素，引导用户的注意力，更容易达成较好的交互效果。在交互界面布局时，我们可以使用线条、框架、背景颜色等营造清晰的边界，分割不同区域，突出不同主题，呈现不同功能。例如中信银行动卡空间App界面（图6-30），从上到下的各功能区域都营造了清晰的边界。在"头像"区域使用了线条加背景色营造边界，在"本期未还金额"区域使用了强烈背景色营造边界，在"权益"区域使用了淡色框架营造边界。京东商城网站更是使用整齐的边界，把主推的各个门类和渠道安排得清清楚楚，简单、直接、美观又不花哨（图6-31）。

◆ 图6-30　中信银行动卡空间App界面

◆ 图6-31　京东商城网站局部界面

6.2.10 同步法则

同步法则是指当一些事件同时发生时，人们会倾向于认为这些事件是一组的。当你一边唱歌一边跳舞时，人们会认为你唱的歌和跳的舞是高度关联的，属于一个节目，没有人会认为你是在同时表演两个不相干的节目。

交互设计中有一些运用了同步法则的案例。例如 Windows 系统开机完成时不但有画面，还有声音。开机画面和声音是同步的，都表示开机完成了。游戏软件和应用中同步法则表现得尤为明显，所有操作和效果都会及时同步发生，动作、声音、画面特效同步得非常好（图6-32）。

◆ 图6-32　游戏《王者荣耀》

在交互设计中，我们需要尽量确保同时发生的事件属于同一个项目，或者是相关的可归为同一组。否则，容易造成用户混淆和误解。因为在交互时，如果不相干的事件同时发生了，会让用户误认为这些事件是相关的。例如一些软件在启动时会播放广告，启动完成后广告自动消失，不影响用户操作。有时软件启动加载广告弹窗的速度比较慢，当用户完成启动后，广告还没有弹出来，而当用户开始操作后，广告才弹出。用户会误以为自己操作就会弹出广告，非常影响用户体验。

另外，我们要保证同一项目或者相关元素同步出现，以便使用户识别其为一组，或者有较强的关联性。如果没有同步出现，会让人感到莫名其妙。例如某款视频 App 在点击关闭后，过了几分钟才突然传出关闭的尾声，这就让用户很疑惑了。

课程思政

任何法则的使用都要考虑到实际的使用环境和对象，应灵活地去运用。针对中国特色的交互设计，格式塔心理学的相关法则也应当因地制宜地加以发挥。我们应当用好这些法则，去做好交互设计，去更好地为国家、为社会、为人民服务！

作业与思考

1. 格式塔心理学还有哪些法则？对交互设计有何借鉴？
2. 分析淘宝App在设计中运用了本章哪些法则？
3. 哪些交互设计在本章这些法则的运用上还可以改进和完善？请举出几例。

第七章

交互设计团队与交互设计师

学习目标

（1）了解交互设计团队的构成及岗位职责。
（2）理解交互设计师的作用。
（3）掌握交互设计师的基本素质。

7.1 交互设计团队

交互设计团队不仅需要极强的自我约束，还要有统一的工作方法和目标，此外还需要专业互补和相互制约。成立交互设计团队一般分为以下几步：根据设计任务遴选设计师构建交互设计团队；明确交互设计的总体目标；围绕交互设计总目标整合人力资源和财务资源等。管理交互设计团队应采取人性化的管理方法与措施。交互设计团队成员比较合理的人数是10~12人，人数太多或者太少都不合适，其专业特点应具有一定的互补性。要重视交互设计团队的统筹与信息共享，使设计团队成员的信息能随时得以更新，加强交互设计成员之间的相互沟通。交互设计团队应制定相应的团队规章制度和团队绩效评定指标，有效激发交互设计团队的工作热情，为他们提供设计工作所需的物质与精神支持，保障交互设计团队整体工作的顺利进行。

7.1.1 交互设计团队构成及其岗位职责

交互设计团队要根据项目需要灵活组建。根据《交互设计：设计思维与实践》一书的论述，交互设计团队一般由以下成员构成：

（1）项目经理：对所有项目进行整体把控。

岗位职责：①主持所有项目的开发和实施，带领项目组成员完成项目既定目标；②对所有项目组成员及项目实施全过程监督、管理和控制。

（2）设计总监：主要负责公司品牌管理，完成产品品牌塑造。

岗位职责：①负责公司品牌塑造、产品品牌塑造等相关的视觉设计，包括VI、广告、网页、动画，以及其他推广媒介的设计；②参与经营和管理品牌，制定品牌视觉规范；③对产品交互流程设计进行监督与指导。

（3）软件架构师：主要负责产品信息架构规划以及代码标准、规范的制定。

岗位职责：①制定代码、文档的标准和规范，并推广和应用，提高团队的开发效率；②信息架构的构建或核心模块的设计与实现；③在信息架构、设计与开发上指导开发团队的其他成员。

（4）信息架构师：主要负责产品信息构架设计以及可用性测试的指导与监督。

岗位职责：①产品信息构架设计；②主持产品启发式评估，优化产品用户体验；③指导可用性测试，对测试结果进行审核监督。

（5）用研工程师：理解设计问题，制订合适的研究计划，邀请用户执行研究，其后分析数据，再向团队宣讲结果，协助推动把研究结果落实到设计上。

岗位职责：①产品的易用性和功能分析，进行用户研究；②对各产品的市场需求进行分析；③主持用户进行观察、深访、焦点小组等易用性测试；④撰写调研报告；⑤撰写产品分析报告。

（6）交互设计师：主要负责产品交互设计，优化产品用户体验。

岗位职责：①参与产品规划构思和创意过程；②根据需求和用户研究的结果，参与界面的信息架构设计；③结合可用性测试结果，完成界面交互行为和功能的改良，提高产品的易用性；④参与界面设计流程的完善和优化工作。

（7）视觉设计师：主要负责产品视觉表达与设计。

岗位职责：①参与产品前期界面视觉用户研究、设计流行趋势分析；②设定软件产品的整体视觉风格和VI设计；③负责产品界面的制作与UI文档编写。

（8）前端开发工程师：主要负责原型、流程设计与实现。

岗位职责：①负责制作纸质原型、高保真原型；②负责界面操作流程设计；③负责动态仿真原型设计与实现。

团队具体结构如图7-1所示。

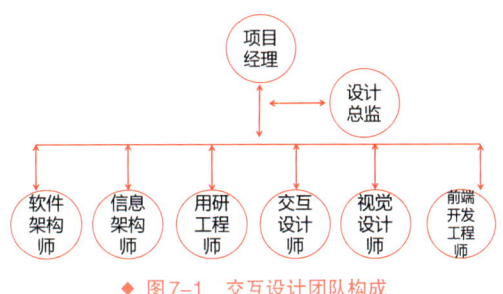

◆ 图7-1 交互设计团队构成

7.1.2 团队的责任与权威

（1）交互设计团队需要关注用户体验及打造最能提升用户体验的机制。

（2）可用性即验证用户对设计预期的反应负责，关注实际情况中用户按照设计使用产品的正确方式。交互设计团队具有关注设计传递有用性、可用性和可期待性的责任。

（3）团队中工程师负责设计产品速度、活力、可升级、可延展性的产品体验的建造。

（4）团队的市场营销成员负责了解客户需求、喜好和动机。市场团队负责激发用户的购买行为。

（5）团队商业领导负责保证产品的赢利，关注产品差异化的设计，重点关注产品功能和市场需求的重合点。

7.1.3 同敏捷设计人员协作

敏捷设计是交互设计中需要考虑的重要环节。交互设计师要同敏捷设计人员展开协作。交互设计师需要敏捷设计人员协助考虑设计假定的范围和重要的体验内容。这种协作开展的越早越好。

对于交互设计团队来说，用户对体验的反馈是设计中最具价值的副产品。需要重视反馈，收集解读用户的各种使用反馈。

7.1.4 构建创造性的文化

交互设计团队通过采样新配色、新材质、新造型，为交互设计的创意提供了外部动力。

团队协作的行为准则——团队对于如何开展工作应该达成一致。角色清晰、相互信任、有责任感和良好的工作习惯是最基本的。

7.1.5 确定设计师的技术水平

不是每一个交互设计师都希望培养这些能力，而领导者也并非是技术高手们唯一的或最重要的顶级追求。设计技巧不断进步归结为设计决策的制定，交互设计师能够快速地意识到设计方案与任务是否相匹配。

见习生（交互设计师实习生）——处于设计师早期，需要以师父带徒弟的方式来学习技巧。见习生能做出符合设计任务的判断还需要大量时间和自己的努力。在成长过程中见习生必须在老师的指导和支持下解决超出自己能力层次以上的问题。

技术高手（资深设计师）——随着时间流逝、手艺日益精湛，技术高手们越来越喜欢单打独斗。这使得他们在核心团队中扮演起领导角色，每天都有新创意、新想法。许多设计者终其一生都只停留在这个阶段，尤其当他们不愿承担起组织内领导角色的责任时。

领导者（设计总监）有极强的意愿和能力承担领导责任，同时也掌握了高超的交互设计技术。在大型公司中，交互设计团队领导者至关重要的职责是要为设计团队提供指导和架构，同时负责预算的权威性，为项目确立范围、重点，推动设计项目的开发，以及招聘交互设计师。

7.1.6 协作是关键

创造型理念或优秀设计决策的实现没有捷径，即使掌握了丰富的理论知识，也要通过实践才能得以证实和运用。设计人员不能怀着多重目的或者使用不同的设计语言进行设计，因为这最终会使用户感到困惑或使产品信息变得混乱。最终，设计者必须担负起责任，在无数产品设计的角逐中实现平衡，确保方案的有效性，从而通过设计团队的悉心合作设计出满足用户需求的产品，并实现成功交付。

7.1.7 交互设计团队的激励策略

交互设计师属于知识型员工，其工作具有较强的自主性和创新性，因此，交互设计团队主要通过激励来管理设计成员。在团队的管理中，可以从以下几个方面实施激励策略：第一，通过打造一个较为宽松自由的工作环境，使他们能在既定的组织目标和自我考核的体系框架下，更具主动性地完成设计任务，而这样的氛围和环境将十分有利于设计创新。第二，尽量实行弹性工作制度，尊重设计工作的特殊性，尊重交互设计团队成员的工作方式，充分考虑员工的个人意愿与特性，避免僵硬的工作规则。第三，设计人员具有较强的获取知识和信息的能力，具有较强的应用、处理知识和信息的能力，应实行分散式管理，这样做利于提高设计人员的主观能动性，培养其创新精神。

交互设计团队需要强调以人为本，更要重视团队设计人员的个体成果和职业生涯的发展，当今是一个知识经济时代，也是设计团队竞争越来越激烈的时代。要更好地吸纳、留住优秀设计人才，设计团队管理者需要面对的问题不仅是要给设计人员提供合理的报酬，还要充分考虑到设计人员的职业发展意愿和个人需要，为其规划和提供适合其发展的平台与上升通道。

7.2 交互设计师的基本素质

从本质上来看，交互设计具有较强跨学科特性，决定了交互设计专业教育教学也必须遵循跨学科的特性进行探索与研究。作为交互设计师的首要基本素质就是提升和增强用户对产品的体验，在保障产品功能信息的同时，使产品更符合用户人群的认知方式与习惯，被更多的公众接受。

交互设计师需要具备复合型的工作能力，一位优秀的交互设计师不但需要研究工作方法、端正学习态度、具备最基础的工作技能，同时还需要具备学习能力、思辨能力、沟通能力和执行能力等必备的职业能力与素养等。交互项目的教学不仅要着力去提升学生必备的通用设计技能与设计素养，更要关注解决学生的沟通和执行能力，要让学生在具体项目的实践中去锻炼和提升这些能力。

（1）眼观六路。

设计师的眼睛并不仅仅指生理的眼睛，而是一种观察习惯与观察方式。其实这只反映了设计师必须"关注细节"这一特质。设计的第一步是了解为了谁、为什么而设计，思维清晰，洞察细节，在生活中敏锐地感知不同群体的思维方式和行为习惯。在对用户群体行为的观察研究中发现问题所在，在各种数据的比对中挖掘机遇。交互设计师平日需要收集灵感，对生活进行观察并思考，将看到的问题进行深刻反思，才更容易做出合情合理的方案、提出创造性的解决办法。

成长小建议：包里装个设计师记事本，记录对生活的观察和随时蹦出的灵感，慢慢地就能看到更多更有意义的东西了。

（2）耳听八方。

设计师的耳朵并不仅指生理的耳朵，与设计师的眼睛一样，也是一种观察习惯与思维方式。广泛地倾听他人的声音，能帮设计师考虑得更为周全，设计出更为人性化的产品。

做设计的本质是帮他人解决问题，这就决定了交互设计师是一块具有服务意识的"海绵"。深陷于自我执念当不了好设计师，闭门造车做不出好设计，交互设计师不能是一个精神上过于独立和排外的个体。应静下心来，侧耳倾听，倾听来自用户的声音，倾听来自产品经理的声音，倾听来自工程师的声音，倾听来自上级的声音。这些声音都需要倾听，我们不能忽视每一级的意见和建议，要有一个包容和谦虚的态度，成为一个合格的倾听者是交互设计师的基本素质之一。

成长小建议：练习和团队成员说话时，提出一个问题之后，接着用五个含有"为什么"的句子不断挖掘对方的答案，以此深入了解对方的想法与意图，让彼此更好地达成共识。

（3）脑信息综合与自主选择。

设计师的脑，所指并不仅是生理的大脑，也是一种将看与听之后的信息进行整合与提炼的思维方式与行为方式。在综合吸收了各方面信息之后，设计师需要通过独立思考，去消化、整理、归纳、分析，从而重新定义目标及其要解决的问题，这是一个内收的过程；接下来，在寻找解决方案的时候，进行头脑风暴，基于应用场景，描绘故事线，制定更为合理的设计路线以供对比和选择，这是一个打开的过程；系统地规划出一个全局的设计蓝图之后，再细化到每一条任务流程、每一屏、每一个组件的具象描绘，又回到了收的过程。在设计师把初步方案第一次呈现给体验用户之前，大脑已经完成了各种选择活动。

成长小建议：可以尝试每当自认为一个方案"接近满意"了的时候，问自己几个问题：①这个方案已经解决最初提出来的问题了吗？目前的方案是基于什么假设做出的解决办法？②如果还没有解决完，那么下一步该做什么？③如果在方案已经推行之后，用户和市场的反应和预计的不一样，有没有其他备选方案？④如果方案执行时发生特殊情况有考虑过后果吗？方案的抗压性和延展性如何？⑤如果不考虑技术限制和资源情况，未来两年的体验是怎样的，五年呢？

（4）用心做有温度有灵魂的设计。

一件完美的设计产品不仅包含美学上的趣味，也有人文上的情怀。所有能打动人心的设计，都源于设计师用心地感受，用心地观察，用心地思考。用心地感受是站在用户的角度和位置上，客观地理解用户的内心感受，再把自己的理解通过设计产品传达给用户的一种沟通交流方式。设计师在切身理解用户的问题和需求时，通过换位感受，找到设计的出发点，用心观察问题的每个环节，试图找到问题的关键所在，不放过任何一个细节上的问题，由关键问题引申出解决问题的最优化途径，从而做出有温度、有灵魂的设计产品。虽然创意时常灵光一现，然而得到完美的呈现也一定得经历用心的打磨方能善始善终。一个有情怀的设计师需要在设计产品中加入温暖人心的瞬间或出其不意的小惊喜，才会真正打动用户从而被记住。

7.2.1 用户体验

交互设计师随时要有用户体验设计的思维，就像鱼离不开水一样，这种思维是需要具备的最基础的技能。用户体验的中心是以用户为设计中心去思考用户实际所需，所以，交互设计师要有同理心，换位思考是非常重要的。

用户体验设计是一种多元化的设计，虽然当前用户体验行业拥有设计或艺术类专业背景的人员占绝大多数，但这并不意味着不同的专业背景或不同行业的工作经验对于用户体验是完全没有任何帮助的，反而这段不同的经历会带来不同的视角与思考。例如曾经做过信息安全工作的交互设计师，在对金融产品的交互上，就会考虑到用户对于产品安全性的担忧。如何将自己积累的经验与知识以恰当的方式运用在提升产品的用户体验上，是每一个交互设计师在设计时都需要深思熟虑地思考的问题。

7.2.2 沟通与理解能力

沟通能力是大家公认的交互设计师很重要的一项基本技能，但很多人其实都没有意识到理解能力在沟通中的重要性。

一般交互设计师在前期需要与产品经理、需求方以及业务方沟通了解产品与业务流程，又需要与开发人员以及视觉设计师沟通确认设计还原情况，沟通占据了交互设计师每日大量的时间，所以，沟通能力是交互设计师很重要的一项技能，沟通不佳就会导致工作效率低下，产生很多问题。但很多人其实并没有深入去了解为什么会"沟通不佳"，很多时候沟通情况不理想，很大程度上是由于双方对事物的理解不同。当交互设计师的设计思维与开发人员线性思维发生碰撞时，设计师若不能很好理解开发人员所表达的意思，就会造成双方沟通不在一个频道上的情况。

另外，设计师都需要向他人表达出自己设计的思维想法与方案，良好的表达能力能让客户或领导更好地理解你的设计，并认可你的设计方案。交互设计师在表达自己设计思路时，应做到语言表达清晰，用词得当，逻辑思维缜密，在实际表达前，最好在本子上记录或在心里打好腹稿，而不是想到什么便说什么，这样表达的内容毫无逻辑可言。

7.2.3 团队合作与项目管理

一个成功产品或项目的完整输出仅靠一个人是做不到的，好的团队合作与项目管理能力是成功的基石。而交互设计师在团队中正好处于一个"承上启下"的位置，需要与团队中各个角色人员进行沟通与对接，故对团队合作至关重要。

很多人认为项目管理应是项目经理或产品经理才需要具备的技能，但若身处于项目当中，自身没有很好把控住自己项目任务的进展，且不与他人同步项目进度信息，很容易造成项目脱节，所以，项目管理应该是团队中的每一位成员都需要掌握的技能，交互设计师需要与产品经理、视觉设计师、开发人员与测试人员进行项目对接，故更应加强自身项目任务管控的能力，同时要同步好整体项目进展信息。

7.2.4 逻辑分析与全局思维

虽然谈到"设计"，大家很容易会往感性的方向去延伸，但交互设计是非常考验设计师的逻辑分析与思维分辨能力的。若交互设计师没有很好的逻辑分析与全局思维能力，便会产生交互场景缺失、逻辑与流程上产生矛盾、信息架构不完整等问题。同时，交互设计师在进行设计时不仅应考虑用户体验问题，业务与商业的目标也应当是关注的重点，交互设计师应考虑用户体验与商业目标之间如何达到一个最佳的平衡点。

7.2.5 基础设计能力

除了最基础的交互设计方案输出外，交互设计师更主要的输出是交互说明文档，通过文字与原型图将自己的设计思维与方案表达给视觉设计师与开发人员。这里考验的是交互设计师的文字表达能力，包括自己设计的方案是否能让对方理解、交互场景是否考虑齐全、页面之间跳转的逻辑是否合理等。设计输出质量不行，就会导致重复沟通与不停返工，从而使他人对交互设计师的专业性产生质疑。

7.2.6 学习与总结能力

设计是一个全身上下打满了"创造力"标签的行业，且行业发展迅速、变化快，自主学习能力是必不可少的。而当下信息爆发，如何从大量的信息中提取出有用的内容考验着交互设计师的学习与总结整理能力。除了要对设计方面最新的资讯敏感，交互设计师更重要的是要保持一颗对各行各业的好奇心，丰富并完善自己各方面的知识储备。

7.3 总结

交互设计团队从某种程度上来说可以是一座桥，他们连接着用户及产品、团队及目标。设计中的每一个环节都由设计师来进行联结，发挥各自相应的技能点，需要不断开阔设计眼界、升级设计技能，提升感受力、理解力、思考力、行动力及协作力，最终统一为设计中的创造力。

新时代的中国青年要担负起时代重任，新时代的交互设计师应当怀有家国情怀，勇于担当，为中华民族的伟大复兴贡献自己的力量！

1.交互设计的团队有哪些成员？如何分工合作？
2.交互设计师应具备哪些素养？请以自己为例进行阐述。

第八章
交互设计的流程

学习目标

（1）熟练掌握市场调研的步骤、竞争产品分析及品牌策略分析。
（2）熟练掌握用户研究的方式与方法。
（3）熟练掌握信息架构设计的方式与方法。
（4）熟练掌握导航设计的方式与方法。
（5）熟练掌握原型设计的方式与方法。
（6）熟练掌握评估与测试的方式与方法。

交互设计是一件复杂的工作，想要做好交互设计，必须了解交互设计的全部流程，从全局和全流程的角度去考虑交互设计的问题。

8.1 市场调研

市场调研是来自营销管理学的一个概念。根据美国市面营销协会（AMA）的定义，市场调研是用信息来联系营销者和消费者、客户和公众的活动，市场调研信息用于发现和确认营销机会和问题，并策划、提升和评估营销活动，监测市场表现，提高对营销过程的认识。

市场调研是交互设计中十分重要的阶段，对于产品现有市场、潜在市场的调研分析，将直接影响整个交互设计项目最终的成败。磨刀不误砍柴工，做交互设计，一定要先做好市场调研，在市场调研中去发现问题，明确设计思路和方法。

市场调研流程可以分为六个步骤：①确立调研目标；②确定调研设计方案与内容；③展开调查；④收集资料；⑤分析资料；⑥撰写调研报告。

对交互设计而言，我们要特别注意竞争产品分析、品牌策略分析等内容。

8.1.1 竞争产品分析

当我们准备设计一个交互产品时，首先要考虑目前市场上有没有和我们的产品功能类似的产品，哪些产品和我们的产品形成竞争关系，是我们的竞争对手。然后分析其他和我们功能类似的产品就是竞争产品分析，我们要分析竞争产品的优点和不足，哪些地方可以借鉴和改进，思考我们的产品如何取得竞争优势。例如我们要做一个购物App，就要对目前市场上主要的购物App进行分析，那么就不可避免地要分析淘宝、京东、拼多多等市场占有率较高的这些竞争产品（图8-1）。

◆ 图8-1 淘宝、京东、拼多多

竞争产品分析对交互设计来说是非常有意义的，它可以帮助我们避免闭门造车，或者一时冲动地去立项，排除不切实际的想法和拍脑袋想出创意，避免对自己的产品盲目自信。竞争产品分析为制定产品战略规划、产品各条子产品线布局、市场占有率等提供一种相对客观的参考依据，它可以帮助我们掌握竞争对手的资本背景、用户细分群体的需求满足情况、空缺市场和产品运营策略。竞争产品分析也有助于了解竞争对手的产品和市场动态，帮助我们对自己的产品适时调整。例如曾经有人想开发智能水杯产品，他对自己的创意非常自信，觉得他的产品独一无二，肯定能大受欢迎。可是去网上一搜索，各种智能水杯已经非常多了，他的一些创意其他的智能水杯已经有了而且做得很好。在京东网站上搜索智能水杯，共有64万余款产品（图8-2）。

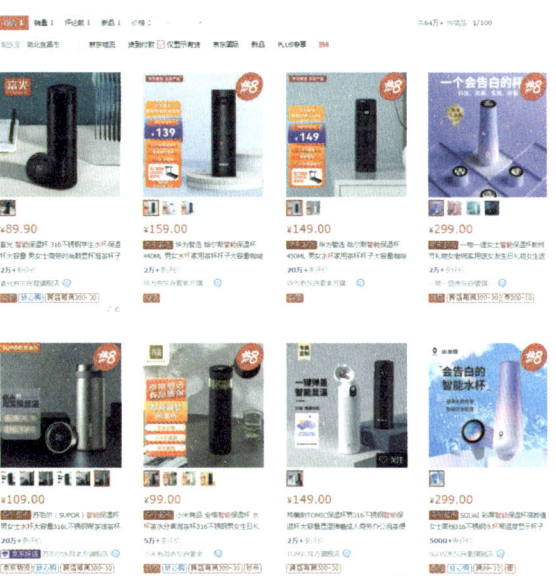

◆ 图8-2 京东网站搜索智能水杯

竞争产品分析包括主观和客观两个方面。

竞争产品分析的客观方面是从竞争对手或者市场相关产品中选取确定一些需要考察的角度，得出客观真实的情况，不加入任何个人的判断，用客观事实和数据说话。客观方面一般包含的内容有：①市场布局状况；②产品数量；③销售情况；④操作情况；⑤产品的详细功能。

竞争产品分析的主观方面是一种主观上对竞争产品的分析，可以根据调查者或者受访者的主观感受来进行，主要需要分析竞争产品的优点和不足。

8.1.2 品牌策略分析

品牌是一个公司或者产品的形象，用于识别产品或服务，也是与市场上其他竞争性产品进行区分的重要标志。品牌策略是树立品牌、发展品牌的策略。好的品牌策略可以有效提升产品的竞争力，更好地获得用户的青睐，并培养用户的忠诚度。在对竞争产品分析之后，需要对自己的产品进行品牌策略分析，对产品的品牌定位、营销与发展做出规划。品牌策略的内容比较广泛，对于交互设计来说，需要注意几种常用的品牌策略。

（1）单一品牌策略。

单一品牌又称统一品牌，它是指企业所生产的所有产品都同时使用一个品牌的情形。这样在企业不同的产品之间形成了一种最强的品牌结构协同，使品牌资产在完整意义上得到最充分的共享。

单一品牌策略好处是可以集中力量和资源塑造一个品牌形象，让所有产品共享品牌的优势和知名度。例如"苹果"品牌就是单一品牌，在"苹果"品牌下，开发了很多产品，比如iMac、iPhone、iPad、AirPods等，全线产品都可以借助"苹果"品牌的优势（图8-3）。单一品牌在品牌宣传和管理上也更容易形成市场竞争的核心要素，避免消费者在认识上发生混淆。

◆ 图8-3 苹果品牌系列产品

单一品牌策略的不足就是所有产品和品牌深度绑定，容易出现"一损俱损"的局面。如果某一品牌名下的某种商品出现了问题，那么在该品牌下附带的其他商品也难免会受到牵连，致使整个产品体系可能面临重大的灾难。

（2）主/副品牌策略。

主/副品牌策略又叫作母子品牌策略，是指在有多种产品的情况下，以一个统一的成功品牌作为主品牌，涵盖企业的所有产品，同时又给不同产品起一个富有魅力的名字作为副品牌，副品牌可以从功能、品位、规格、档次等多个角度进行区分，以突出产品的个性形象。主/副品牌策略的重心是主品牌，副品牌则处于从属地位，这是为了能形象表达副品牌的优点、个性，同时也弥补了单一品牌过于简单、不生动的缺点。副品牌的使用通常比较口语化、通俗化，具有时代感和冲击力，但是适用面较窄。

例如"小米"品牌采用了主/副品牌策略，以"小米"品牌作为主品牌，以"红米"品牌作为副品牌，两者配合走差异化发展路线（图8-4）。

Xiaomi MIX Fold 2
超轻薄折叠机身设计，小米自研微水…

Redmi K50 至尊版
骁龙8+ ｜ 1.5K 高清直屏

◆ 图8-4 小米、红米品牌产品

（3）多品牌策略。

多品牌策略是在相同产品类别中设置多个品牌，这些品牌之间并不互相隶属，不属于主副关系。多品牌策略能对产品进行较好的区分，每个品牌的侧重点有所不同，为每一个品牌各自营造了一个独立的成长空间。多品牌策略可以分散风险，某种产品出现问题时，可以避免殃及其他的产品。但多品牌的推广成本要比单一品牌高很多，而且多品牌之间也容易相互形成竞争，侵蚀对方市场份额，造成内斗。

例如腾讯公司旗下的"QQ"和"微信"两大产品就是多品牌策略（图8-5）。两者虽然都属于腾讯公司，却是相互独立运营、发展的。两者都属于社交软件，在功能上也多有重叠之处，但两者的侧重点不同，对市场形成了不同层次的覆盖。

微信
微信，是一个生活方式

QQ
每一天，乐在沟通

◆ 图8-5 "微信"和"QQ"

（4）合作品牌策略。

合作品牌策略也被称为双重品牌策略，是指两个或者多个不同的品牌相互合作，结合在一起。合作品牌策略把两个或更多的品牌在一个产品上联合起来，每个品牌都期望另一个品牌能强化整体的形象或购买意愿。例如国内汽车领域常见的"长安福特""广汽丰田"等都是合作品牌。

合作品牌的优势是能够借助多个品牌的优势，强强联合比单打独斗更容易成功。但合作品牌也容易陷入"四不像"的陷阱，造成"高不成，低不就"的尴尬境地，不一定能得到用户的认可。

例如阿里巴巴集团和中国联通共同推出的"阿里宝卡"（图8-6），就是合作品牌策略的应用。"阿里宝卡"充分发挥了两个品牌的优势，对一些用户常用的应用免流量，并根据用户的需要提供了不同资费套餐，吸引了大量用户。

◆ 图8-6　阿里宝卡

8.2　用户研究

用户研究的主要目的是确定目标客户群体、描述用户特征、分析用户需求。交互设计师不能关起门来做设计，要走出去充分观察、接触和了解用户。明确用户如何使用产品，有什么样的行为模式，有何特点和习惯。在用户研究阶段获得的一些认识，非常有助于交互设计后续的展开。我们要运用各种方法和手段去开展用户研究。

8.2.1　问卷调查

问卷调查是一种常用的研究方法。问卷调查是从目标人群中抽取一部分发放问卷进行调查。它既可以设置定量的数据分析问题，也可以设置定性的开放问题，比较灵活多样。问卷调查既可以采用线下的方式，也可以采用线上的方式，可以在短期内获得大量不同个体的信息及回复。

在问卷调查前我们要确定调查的目的和问题范围。调查的目的决定了问卷的结构和问题的设计等内容。问题的范围也要控制在合适的大小，不宜过于宽泛。要了解问卷发放的对象，确定是否是目标对象，是否能接受问卷调查。要确定问卷发放和回收的方式，是随机取样发放还是定向发放？是通过线下发放还是通过线上发放？发放和回收问卷的方式是否便捷可行？如何才能保证回收到有效问卷？例如我们开发大学生社交应用，如果跑到商业街去散发问卷，那就是搞错了地方，没有把问卷发放到目标用户手中。

问卷的设计是问卷调查的核心环节。问卷设计得好，调查就容易成功，可以获得有用的信息。

在问卷设计时，我们要注意以下几个问题：

①要让受访者充分理解，不要超出受访者的知识和能力范围。

②要注意简洁、精练，不要长篇大论、废话连篇。

③要切合研究主题，无关问题不要问。

④避免涉及社会禁忌、非法、反动等负面内容，要遵守法律和公序良俗。

⑤要避免引导和暗示，以免得出不客观公正的答案。

⑥要清晰明了，避免受访者产生误解。

⑦选项要合理，区分明显，基本覆盖到所有可能的情况。

⑧答案要便于处理及分析。

问卷的形式一般由以下五部分组成：

①问卷标题。问卷的大标题，也就是问卷调查的项目名称。

②导语部分。介绍问卷调查的目的、背景，说明问卷的填写方法（图8-7）。

③基本信息。包括填写者信息和调研信息。

④主体内容。问卷题目和选项。

⑤结语。对被调查者表示感谢、祝福等。

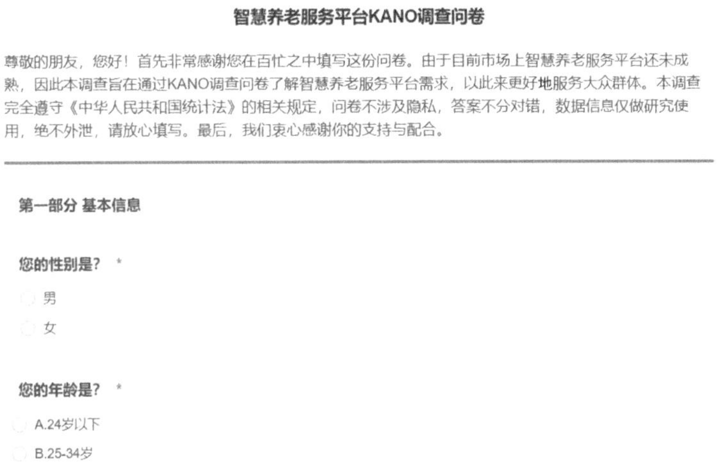

智慧养老服务平台KANO调查问卷

尊敬的朋友，您好！首先非常感谢您在百忙之中填写这份问卷。由于目前市场上智慧养老服务平台还未成熟，因此本调查旨在通过KANO调查问卷了解智慧养老服务平台需求，以来更好地服务大众群体。本调查完全遵守《中华人民共和国统计法》的相关规定，问卷不涉及隐私，答案不分对错，数据信息仅做研究使用，绝不外泄，请放心填写。最后，我们衷心感谢你的支持与配合。

第一部分 基本信息

您的性别是？*
- 男
- 女

您的年龄是？*
- A.24岁以下
- B.25-34岁

◆ 图8-7 某调查问卷局部

问卷回收之后要进行统计、分析和处理。首先进行初步处理，把一些不合格的问卷和无效问卷剔除。然后运用一些数据分析的软件和方法，对有效问卷进行分析，常用的数据分析软件有SPSS、STATA等。最后形成详尽的分析报告，得出结论和建议。

目前网络上有很多在线问卷调查网站，可以利用这些网站方便地进行线上问卷调查（图8-8）。但使用时要注意对用户隐私的保护，以免泄露用户隐私。

◆ 图8-8　某在线问卷调查网站

8.2.2 用户访谈

用户访谈是指对用户进行个别或者集体的访谈，它是访谈员与用户的双向交流，通过这种双向交流来获得资料。一般采用"问"和"答"的方式，由访谈员发问，用户进行回答。目前的用户访谈类型主要有以下六种。

（1）入户访谈。

访谈员进入用户家中直接面对面地和用户进行访谈。访谈员会带好访谈所需的资料，一般会问用户一些问题，在访谈过程中可能会提供一些资料给用户看，访谈员会做好整个访谈过程的记录。

入户访谈最大的优点在于访谈完全是面对面的，用户的反应是直观可见的，访谈员和用户之间没有障碍。这种互动交流效果以及通过双方语言、表情等得到的资料比其他的访谈更加真实可靠，更有参考价值。但这种方式也是最难发起的，因为这需要用户对访谈员有足够的信任才会允许其入户。

（2）街头访谈。

街头访谈是在适当的地点拦截用户展开访谈。这种方法相对简单快捷，可以在多个场合展开，尤其是在公共场所有比较大的选择自由，商场、街道、车站、超市等地方皆可进行。这类访谈的时间一般比较短暂，因为受访者是随机被拦下，往往时间比较紧张，受访者可能会因为担心耽误其他的事情而不愿意接受访谈。街头访谈的随意性比较强，只能作为辅助的研究方法，或者用于对时尚型、大众化等方面的简短调查。

（3）电话访谈。

电话访谈是通过电话进行访谈。采用电话比较方便快捷，成本也比较低，能节省大量的人力物力和时间，提高了访谈的效率，而且访谈员和用户可以异地进行访谈。但电话访谈不是面对面的访谈，用户通过电话的回答以及与访谈员的互动不如面对面访谈直接，无法直接观察到用户的反应。

（4）网络访谈。

网络访谈是指通过网络的方式进行访谈。现在互联网发展得非常快，智能手机、移动设备也非常普及，这都为网络访谈奠定了良好的基础。网络访谈可以用文字、声音、视频等多种方式来进行，选择非常灵活。其优点和电话访谈类似，但比电话访谈的效率更高、更方便。随着虚拟现实技术的发展，网络访谈可以媲美于入户访谈的面对面效果。现在越来越多的访谈采用了网络访谈的形式。目前常用的网络访谈工具有微信、腾讯会议（图8-9）、钉钉等通信软件。

◆ 图8-9 腾讯会议

（5）深度访谈。

深度访谈比一般的访谈更为细致深入，访谈者往往会选取比较典型的、有代表性的用户进行深入的访谈。这种访谈通常持续的时间比较长，问题内容比较多，以全面地挖掘用户的潜在想法、动机及态度。一般要从简单到复杂、从基本感知到使用体验逐步地发问，而且现场可以根据情况灵活地拓展问题。

深度访谈需要一个较为舒适的环境、训练有素的访谈员，有时还要给予访谈对象一定的报酬，因此，是成本比较高的一种访谈形式，这也限制了深度访谈的数量。深度访谈比较依赖访谈员的经验和技巧，访谈员对用户深度访谈的结果影响较大。

（6）专家访谈。

专家访谈是通过对某领域的专家进行访谈，收集经验丰富的专家型用户的意见和想法。专家访谈的效率一般比较高，能进行很多深度的探讨，可以使我们在短时间获得对该领域产生的必要了解和大量深刻的认识，得到很多在一般用户那里得不到的结果。有些专家能提供独到的见解和思路，对交互设计有很大的指导意义。专家访谈的成本也比较高，组织专家访谈的难度也比一般的访谈要大。

8.2.3 用户观察

用户观察是指通过观察用户的言语和行为来判断其心理特点。我们可以通过对用户的观察推测出用户的喜好、习惯、生活方式等，挖掘出用户的基本信息及心理需求。用户观察在用户研究中具有不可替代的独特地位，因为不管是问卷调查还是访谈，用户回答的信息是在理想情况下用户认为正确的答案。但用户认为正确的做法，在实际生活中可能却不是这么做的。如果你问大家油炸食品是否健康，是否应该少吃。一般人都会回答不健康，要少吃。但是说归说，做归做，炸鸡店门口每天还是排了很多人。用户回答的答案不一定就是真实情况，只有实地去观察，才知道用户到底是怎么做的。

例如对笔记本电脑的使用，很多人都有在床上使用笔记本电脑的经历。有些用户会直接把笔记本放在床褥上（图8-10），而软软的床褥会严重遮挡笔记本电脑底部散热口，从而导致笔记本电脑温度过高。大家都知道要保持通风散热，可是使用起来的时候可能就没那么在意了。通过用户观察，我们会发现这些问题。

◆ 图8-10 在床上使用笔记本电脑

在交互设计中用户观察一般是向用户提供一些操作场景和任务，并让用户完成这些任务，研究者在用户完成任务时进行观察。我们可以在观察过程中发现问题、发现用户喜欢哪些功能、不喜欢哪些功能，发现用户喜欢怎样去操作和交互、用户有哪些需要和痛点，并分析原因是什么。然后针对在观察中发现的问题去改进和完善我们的设计。

用户观察主要分为两类：外部观察和内部观察。

外部观察是观察者以第三者的身份去观察用户，始终保持中立和独立，完全不参与观察对象的活动。外部观察是客观地记录，不干涉用户的行为，但当用户知道存在外部观察者时，其活动可能会和无人观察时有所区别。例如当我们独自在家时，可能会很随意地躺在沙发上（图8-11）；而当有客人来时，我们可能就不会那么随意了。而且被人观察时，有的人会觉得比较尴尬，做不到以平时正常的心态来活动。

◆ 图8-11 独自在家的随意

内部观察是观察者融入用户群体中，隐瞒观察者的身份，参与用户的活动，成为观察对象群体的一员，以内部人员的身份去观察用户。这种观察方式更深入、更真实，可以发现一些外部观察无法发现的隐秘行为和现象。内部观察时，观察者要注意在群体中多看、多听、少发言、少提问，以免影响用户的活动，或者暴露自己观察者的身份，从而最大限度地获取真实的信息。

8.2.4 焦点小组

焦点小组是一种特殊的群体访谈形式。它是选取一些符合目标客户群体的人聚集成一个小组，就某个主题进行讨论，从而获得小组成员的感受、看法、态度和意见等。焦点小组有时会有一个主持人来主持小组讨论，有时没有主持人，由小组成员自己组织讨论。

焦点小组的好处是显而易见的，它的效率比较高，一次可以组织很多人，可以得到较多人的讨论结果。但焦点小组的弊端也十分明显。在讨论中，往往大家的意见会互相影响，讨论的方向和结论很容易就会被少数几个勇于表现、善于表达的人所主导。很多人有从众心理，会追随群体的意见。因此，最后讨论出来的结果并不一定是很多人内心真实的想法，个体思想上的失真在一定程度上不可避免。

面对焦点小组讨论的结果，我们在进行交互设计时可以作为参考，但最好不要直接将其作为设计的依据。焦点小组讨论出的设计方案，往往也是一种折中的、妥协的方案，并不一定是有特色的、有效的设计方案。我们在分析处理焦点小组讨论的结果时要有意识地去分辨，尽量剔除失真的或者不合理的成分。

8.2.5 用户模型

用户模型也叫人物角色，是一个虚构出来的用户，用来代表某种真实的用户群体，往往具有很强的代表性。一个典型的用户模型具有和真实用户一样的各种信息资料，例如年龄、性别、收入、地域、受教育水平、工作、情感、喜好等（图8-12）。我们有时会给用户模型贴上一些关键词作为标签，例如美食家、健身达人、工作狂等。我们有时也会对用户模型的一些信息进行列表详细地描述。一般而言这些信息包括基础属性、社会关系、消费能力、行为特征、心理特征等方面。

◆ 图8-12 用户模型基本信息

用户模型一般不止一个，我们在进行交互设计时，往往会设置多个用户模型，一般设置为3~6个。用户模型设置得太少可能无法覆盖目标客户群体，会遗漏掉一些重要用户。用户模型设置得太多则会重复，没有必要。而且我们要明白用户模型不是真实的用户，我们可以把多个用户的特质集中到一个用户模型上，没有必要为每一个细分特质的用户建立用户模型。这个用户模型是典型用户或者代表性用户（图8-13），用少数几个用户模型即可达到目的。

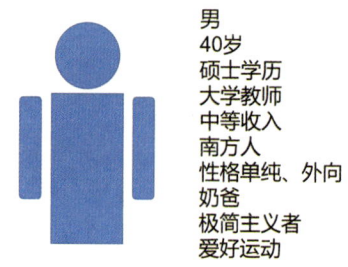

◆ 图8-13 一个简单的用户模型

对于用户模型，我们还要对其优先级进行排序。

（1）首要用户模型。首要用户模型是产品要最优先满足的用户的代表，首要用户模型代表了主要的独特需求，需要重点地设计界面和交互行为。

（2）次要用户模型。次要用户模型是居于次要地位的用户群体代表。一般而言满足了首要用户模型的交互设计可以满足次要用户模型的绝大部分需求。可以在保证满足首要用户模型的前提下，通过微小的改动和补充设计来满足次要用户模型。

（3）补充用户模型。补充用户模型是非主要和次要的用户模型，重要性在前面两者之后，可由某个主要界面来满足需求。

（4）其他用户模型。其他用户模型是一些可能不使用产品，但是又会和产品发生联系的人物角色。

为什么要创建用户模型？用户模型是一个具体的形象，对整个设计团队而言都便于理解和接受。用户模型关注的是用户的目标、行为和观点。用户模型有助于减少主观臆测，理解用户真正需要什么，如何更好地为不同类型的客户服务。

用户模型都是典型用户，可以使我们在设计时的目的性，针对性更强，让我们专注于特定群体的需求来进行设计。你不可能设计一个所有人都满意的产品，我们要做的就是保证目标客户群体的满意。用户模型便于使整个设计团队的意见统一，使大家有一个共同的清晰的目标，能更加有效率地去做设计，也有助于更好地决策。

如何创建用户模型？用户模型的信息可以是定性的信息（例如喜欢玩游戏），也可以是定量的信息（例如每天玩游戏4~5个小时），我们可以根据需要来设置。当前进行交互设计创建的用户模型一般都是定性信息和定量信息都具有的用户模型。

创建用户模型目前常用的有"七步法"和"十步法"。

"七步法"具体包括以下内容：

（1）发现并确认模型因子。典型用户群的行为变量集合。例如消费能力如何？态度如何？喜好什么？

（2）访谈目标用户。把访谈对象和行为变量进行对应，把用户进行四象限分类等。

（3）识别行为模式。在多个用户变量上识别相同的用户群体。

（4）确认用户特征和目标。

（5）检查完整性和重复。检查人物和行为模式的对应关系，是否缺漏和重复。

（6）描述典型场景下用户的行为。

（7）指定用户类型。对所有用户角色进行优先级排序。

"十步法"具体包括以下内容：

（1）发现用户。用户群体是谁？

（2）建立假设。用户之间有什么异同？

（3）调研。对目标客户群展开调查研究。

（4）发现共同模式。从目标客户群中发现一些共同的模式，分类描述。

（5）构造虚构角色。构造虚拟的用户角色，包括各种信息。

（6）定义场景。某种用户的需求适合的是哪种场景？

（7）复核与买进。哪些人会喜欢它？

（8）知识的散布。如何组织和分享用户角色？

（9）创建剧情。设定产品使用的具体剧情和用户案例。

（10）持续的发展。信息反馈和修改。

8.2.6 场景剧本

场景剧本是以讲故事的形式来描述用户具体的使用行为和案例。讲故事是人类创造力的体现，是人类社会最广泛和基本的活动之一。围绕故事设计出来的体验更容易为用户所接受和理解，也更有代入感。故事比数据更生动，更能感染人、引起共鸣，也更能激发人的情感，留下深刻印象。生动的故事，有助于对交互设计概念的激发、展望和表达。

场景剧本将一个或多个人物角色置于场景中，讲述用户如何在其生活和环境中，使用产品来实现具体目标。我们以某个用户的角度通过一个故事来描述其体验。把产品放入一个现实生活的场景之中，能够合理推断出用户所需要的功能以及产品必备的条件。

例如小度添添智能镜的场景剧本（图8-14）。

场景一：白领小美星期天在家休息，想锻炼一下身体，练练瑜伽，进行健身。打开小度添添智能镜，有AI私教指导练习，该做什么动作，怎么做，动作是否到位，都会有指导和提醒。

◆ 图8-14　小度添添智能镜使用场景

场景二：三年级小学生小明在体育方面是短板，体育老师让小明加强练习。放学回家后小明打开小度添添智能镜，在家就能练跳绳、短跑、跳远等。有AI助手专门指导和引领并进行系统训练。小明的妈妈再也不用担心小明的体育了。

最常见的场景剧本是初学者场景剧本，就是描述用户初次使用产品时候的情景。初学者在初次使用产品时会遇到很多问题，需要学习操作，我们在交互设计时要重点关注。我们还要注意，每一个角色模型可能会有好几个不同的场景剧本，分别描述该使用者如何在不同的情景下使用产品。还是以小度添添智能镜为例，用户小美除了健身场景外，还有玩体感游戏、亲子互动、唱卡拉OK等使用场景（图8-15）。

◆ 图8-15 小度添添智能镜多个使用场景

8.2.7 定义需求

定义需求就是确定用户有什么需求，需要什么，想达到什么目的，需要什么样的信息和能力来完成他们的目标。需求的存在是交互设计的前提，我们首先要定义的是用户有什么需求，产品要满足什么需求。

定义需求一般要经历五个阶段。

（1）创建问题和前景综述。问题和前景综述一般直接从研究和用户模型中获得。不论是对已有产品进行改进设计，还是开发新产品，都可以用问题和前景综述系统地表达用户的需求。问题是关于用户想要什么，我们能做什么，产品满足什么需要提问和思考。前景是关于产品要具备哪些功能，我们该如何去设计、开发，有没有可行性，以及市场应用前景等方面的思考。

（2）头脑风暴。带着前面的问题，在需求定义的早期阶段进行头脑风暴，有助于去除成见，集思广益。头脑风暴可以让团队成员能够以开发和灵活的方式去进行用户分析，去挖掘用户需求。在头脑风暴中，很多创意和方案都可能被激发了出来。

（3）用户的期望。设计师需要深入了解用户的期望，包括首要的、次要的、补充的用户。要了解影响人物角色期望的态度、经历、渴望以及其他社会、文化环境和认知因素。

（4）构建场景剧本。场景剧本前面已经探讨过，它是以故事的形式描述使用过程，关注人物角色的活动，关注人的心理模型和动机，能够帮助开发者系统地定义用户需求。

（5）确定需求。有了以上的准备，就可以分析和提取人物角色的需求了。我们可以把这些需求做成一个列表来记录（图8-16）。优先级对应的P0为最高优先级，P1为1级优先级，仅次于P0级。

用户故事	需求描述	优先级
在雨雪等坏天气时，乘客担心打不到出租车。	利用平台约车，推送多个车辆供乘客选择，为乘客找到合适的司机与车辆。	P0
乘客第二天要外出，担心不好打车。	通过提前预约车功能，提前明确接送时间，保证车辆在预定时间到达。	P0
乘客深夜打车，担心安全问题。	谨慎严格审核注册司机，提供给乘客一键报警功能。	P1
乘客希望打车费用能优惠些。	提供拼车、顺风车等功能来分担费用，进行积分减免、限时优惠等活动。	P1
……	……	……

◆ 图8-16 某出行应用的部分用户需求

也可以把用户需求总结归纳，从产品功能的角度出发，把用户需求转化为产品功能，列出产品功能（图8-17）。

模块	功能点	功能描述	优先级
出行模块	顺风车	用户可以预约顺风车	P0
	快车	用户可以即时呼叫或者预约快车	P0
支付模块	支付方式	用户可以选择支付方式并完成支付	P0
	服务评价	用户完成支付后对服务进行评价	P1
……			

◆ 图8-17 某出行应用部分功能列表

8.3 信息架构设计

根据用户需求和产品功能，要进行交互产品的信息架构设计。信息架构的设计是为了将信息有效组织起来，合理地呈现给用户。好的信息架构可以提高效率，方便快捷，节省资源，让交互产品运行流畅，营造良好的用户体验；不好的信息架构往往会让用户浪费很多时间和精力，做很多无用功，让交互产品运行困难，使用户流失。

信息架构的设计明确了产品的功能逻辑，为后面的设计环节提供依据。信息架构以产品功能为出发点，搭建用户与信息之间的桥梁，使呈现的信息更加清晰明确。信息架构设计完成后会形成一个信息架构图（图8-18）。

◆ 图8-18　某出行应用的信息架构图

交互产品中的信息架构常见的有层级结构、矩阵机构、自然结构、线性结构和混合结构等。

8.3.1 层级结构

层级结构是节点之间按照从高到低的层级一级一级形成的结构。其节点与其他相关节点之间形成父子关系的层级，由最高层级的父节点下设 N 个子节点，每个子节点下也可以再下设 N 个子节点，但每个节点只有一个父节点（图8-19）。

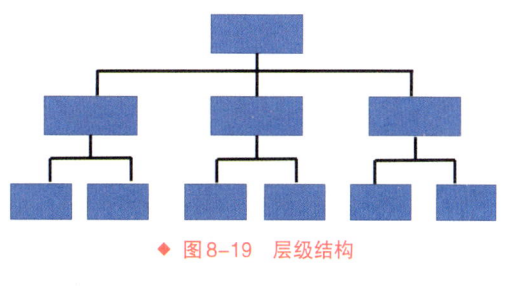

◆ 图8-19　层级结构

层级结构是最常见的结构，大多数交互产品使用的信息架构都是层级结构。层级结构又可以细分为两种：一种是浅宽结构，即层级少，但每一级元素多；另外一种是窄深结构，即层级多，但每一级元素少。两种结构各有优劣，要综合考虑、合理运用。例如华为网站的信息架构运用的就是层级结构（图8-20）。

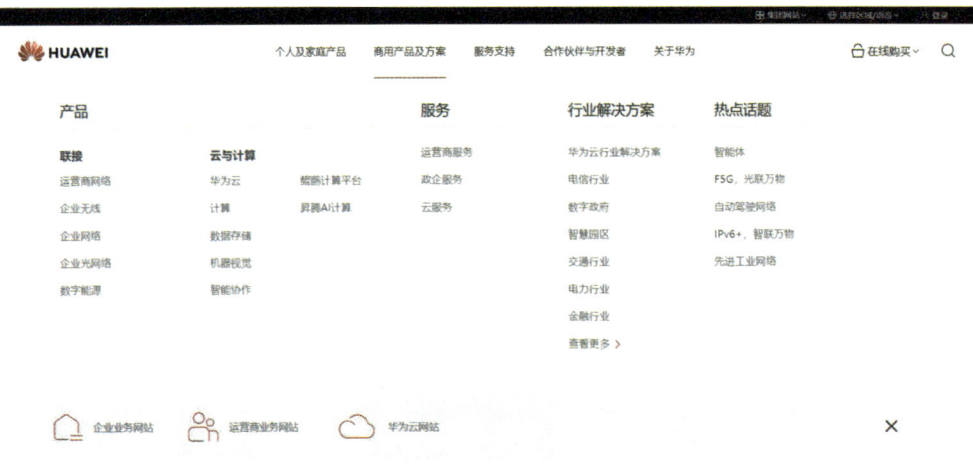

◆ 图8-20 华为网站

8.3.2 矩阵结构

矩阵结构的节点和节点之间不是单纯的父子关系，而是存在两个或两个以上维度的联系，形成矩阵结构。节点之间并非只有一条路可以走，而有多个路径可供选择。矩阵结构有二维矩阵（图8-21）、三维矩阵以及更多维度的矩阵等。

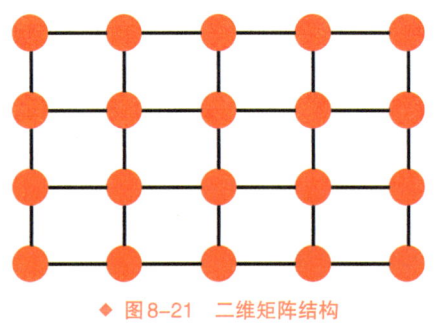

◆ 图8-21 二维矩阵结构

矩阵结构往往是在信息架构中的局部采用，并不是主要结构。例如淘宝网的商品展示就可以根据综合、销量、信用、价格等多个维度来查看浏览，并通过不同路径找到同一个商品（图8-22）。

◆ 图8-22 淘宝网

8.3.3 自然结构

自然结构不遵循任何一致的模式，节点是逐一被链接起来的，没有什么刻意的规律和清晰的脉络，如同自然演变一般（图8-23）。采用自然结构，用户就如同探险一样，不知道会通向哪里，也说不清楚自己是依靠什么路径到达的。

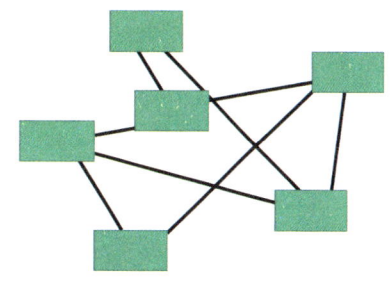

◆ 图8-23 自然结构

维基网站采用的就是自然结构，它没有预先规划的主结构，每个内容都是相互独立的，但是又能通过网页链接相互跳转（图8-24）。

◆ 图8-24 维基网站

8.3.4 线性结构

线性结构是比较简单的一种结构，是从头到尾只有一条路径，按照顺序进行的结构（图8-25）。我们看电影、听音乐都是线性的体验。线性结构在交互设计中也只是在局部有应用，例如新用户注册的结构就是线性的，只有完成了上一步才能进入下一步。

◆ 图8-25 线性结构

8.3.5 混合结构

混合结构是指使用多种结构来创建较为复杂的信息架构，一般为层级结构和矩阵结构的交叉重叠。目前的在线购物平台、网络商城平台几乎都是层级结构和矩阵结构的结合（图8-26）。

◆ 图8-26 宜家家居网上商城

8.4 导航设计

导航包括导航条、超链接、按钮、提示和其他可以点击或者引导的项目。导航是一个完整的系统，连接了不同的模块、需求和信息。导航可以帮助用户快速有效地找到信息，并帮助用户建立整个产品的逻辑结构的认识。受限于屏幕大小，信息或功能不可能在页面中全部显示出来，所以导航就显得至关重要了。在实际生活中，人们依靠方位感或者地图来定位，找到路线。在交互产品中的数字空间，则是通过导航的设计来告诉用户所在的位置和路线。

目前的导航主要可以分为PC端导航和移动应用导航两大类。这两大类导航在具体的表现形式上有所不同。

8.4.1 PC端导航

PC端导航是以电脑硬件为载体的交互产品的导航，最主要的有电脑网站、电脑软件等。在表现形式上有纵向导航、横向导航、T形导航、上下文导航、友好导航、网站地图、索引表等方式。

（1）纵向导航。纵向导航是把导航栏目以纵向的方式排列，可以位于页面的左边或者右边，一般以位于页面左边较为常见（图8-27）。

◆ 图8-27 三峡大学网站的纵向导航

（2）横向导航。横向导航是把导航栏目以横向的方式排列，可位于页面的上部或者下部，一般以位于页面上部居多（图8-28）。

◆ 图8-28 苹果网站的横向导航

（3）T形导航。T形导航是把纵向导航与横向导航相结合形成的导航形式，一般在页面中呈现出纵向和横向半包围状态（图8-29）。

◆ 图8-29　唯品会网站的T形导航

（4）上下文导航。上下文导航又叫内联导航，是指根据用户的上下文提供导航链接。也就是根据用户当前正在做的事情而提供用户可能会需要的信息导航。例如用户正在阅读某个文章，我们把一些相关的链接就放在他正在阅读的地方。这样用户就不用费时费力地去在常规导航寻找相关信息。常见的商品展示页面中"了解详情"就是上下文导航的一种（图8-30）。

◆ 图8-30　小米商品的上下文导航

（5）友好导航。友好导航是指有些链接用户通常情况下并不需要，但我们仍提供这些链接，在用户需要的时候就可以方便、快速地找到。例如网站当中的一些联系信息、法律声明、合作单位等方面的链接通常都放置在友好导航中（图8-31）。友好导航一般置于页面的底部。

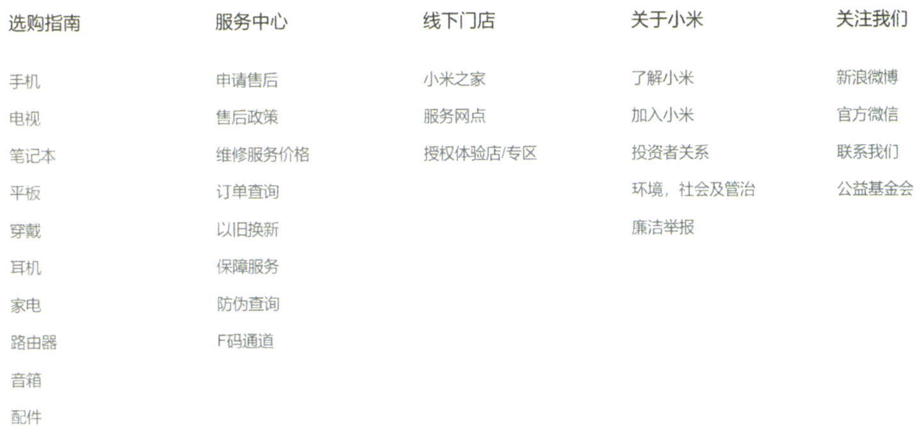

选购指南	服务中心	线下门店	关于小米	关注我们
手机	申请售后	小米之家	了解小米	新浪微博
电视	售后政策	服务网点	加入小米	官方微信
笔记本	维修服务价格	授权体验店/专区	投资者关系	联系我们
平板	订单查询		环境、社会及管治	公益基金会
穿戴	以旧换新		廉洁举报	
耳机	保障服务			
家电	防伪查询			
路由器	F码通道			
音箱				
配件				

◆ 图8-31 小米网站的友好导航

（6）网站地图。网站地图把整个网站的主要链接集中在一个页面上去展示，它给用户一个明确的、整体的快捷浏览方式（图8-32）。用户可以对整个网站结构有一个大概的了解。

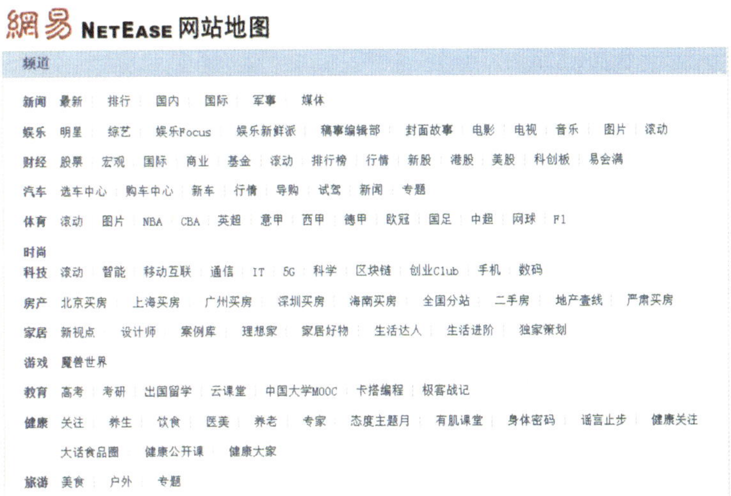

◆ 图8-32 网易的网站地图

（7）索引表。索引表是按照某种规律和顺序把导航链接按列表形式呈现，如同字典的索引表一般。索引表一般是按照字母顺序来排列（图8-33）。

◆ 图8-33 京东商城的商品索引表

8.4.2 移动应用导航

移动应用导航是以手机、平板等移动设备为载体的应用导航。移动应用导航有些与PC端导航相同，但移动应用导航因为屏幕尺寸的限制，在导航形式上与PC端导航有所不同。移动应用导航运用较多的有标签导航、舵式导航、抽屉导航、宫格导航、组合导航、列表导航、轮播导航等。

（1）标签导航。标签导航是在界面中使用几个固定标签式图标来导航，它通常位于页面的底部，一般是4~5个标签。它的好处是用户可以方便地在不同界面间切换，缺点是会占用一定的屏幕空间。例如支付宝App界面底部的标签导航（图8-34）。

（2）舵式导航。舵式导航跟标签导航类似，通常也位于界面底部。但舵式导航的中间图标较大并突出一些，左右两边的图标对称排列，就像轮船的舵一样。舵式导航可以突出中间图标，中间一般用来展现重要、常用、需要频繁切换的入口。例如中国石化App底部就采用了舵式导航（图8-35）。

（3）抽屉导航。抽屉导航将菜单隐藏了起来，点击入口即可像拉抽屉一样拉出菜单。抽屉导航的优点是可以节省页面空间，缺点是用户需要点开才能看到导航内容。例如网易云音乐App就采用了抽屉导航，点击界面左上角的图标会弹出隐藏的主菜单（图8-36）。

（4）宫格导航。宫格导航将全部主要入口都聚合在一个页面上，用区块宫格的形式展现入口（图8-37）。这种方

◆ 图8-34　支付宝App标签导航

◆ 图8-35　中国石化App舵式导航

◆ 图8-36　网易云音乐App抽屉导航

式一般不用在主界面，往往用在二级页面的聚合呈现。

（5）组合导航。组合导航是利用多种导航方式灵活地呈现链接入口。这种导航运用得比较多，大部分移动应用都采用的是组合导航形式。例如京东App采用了标签导航、宫格导航、横向导航等多种组合方式（图8-38）。

◆ 图8-37 小米手机的宫格导航

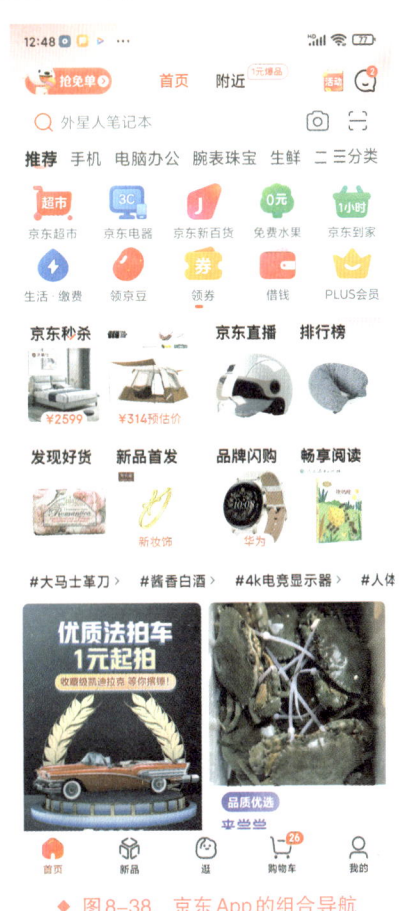
◆ 图8-38 京东App的组合导航

（6）列表导航。列表导航是通过列表的形式来展现链接入口。一般也不用于主界面。例如腾讯QQ设置页面运用的就是列表导航（图8-39）。

（7）轮播导航。轮播导航是多个链接入口采用轮流播放的形式展现。这种方式使页面比较简洁，但不能快速定位到想要的链接入口，一般在局部采用。例如QQ音乐的页面上部就采用了轮播导航（图8-40）。

◆ 图8-39 腾讯QQ的列表导航　　　　◆ 图8-40 QQ音乐的轮播导航

8.5 原型设计

原型是交互设计产品最终完成之前的可视化的模型，用来模拟展示产品的样貌和功能。交互设计必须经历原型设计阶段。设计人员将自己的想法转化成原型，并和团队一起对原型进行评估、测试和修改，不停迭代。在最终产品产生前，原型会迭代很多次，会使用一系列的原型。

为什么需要原型？因为交互设计是一个涉及很多部门、很多环节、很多人员参与的工作，后期修改设计的代价和成本会非常高。原型可以帮助我们在早期发现问题并及时修改，能以较小的代价去完善设计，避免让更多部门重复做无用功。另外，原型方便了交互设计各个部门、环节的人员对产品进行沟通交流，让概念、想法、创意更直观具体。

原型并没有一个规定的形式，它可以是任何事物。一张纸板、一块木头、一个图形都可以作为原型，它既可以是实物的，也可以是数字的。原型按照模拟产品的精确程度分类可以分为低保真原型和高保真原型。

8.5.1 低保真原型

低保真原型是一个简单、粗糙的原型，是产品的大概雏形，只模拟了产品有限的功能。有的低保真原型甚至只模拟了产品的某个特征。它可以通过简单的工具快速、方便地制作出来。

低保真原型有很多优点。它制作容易,成本非常低。它容易在早期发现问题、验证问题并进行修改,修改起来也很容易;它便于携带和展示,能及时收到用户等方面的反馈;它的反馈更注重于高层次的概念而不是执行层面上的细节;它的迭代动力和意愿更强,也更方便、高效。

低保真原型有以下几种制作方式。

(1)纸质原型。纸质原型是利用笔在纸张上把原型画出来,一般都是以草图的形式呈现(图8-41)。纸质原型的制作十分自由,也不需要专门的工具,非常适合及时地记录灵感、表达创意、阐述概念。

◆ 图8-41 手绘的纸质原型

(2)实物原型。实物原型是利用实物来制作的原型,一般用来模拟产品的外形和使用情境。这种实物原型只需要外观和产品相符即可,也是一种实物模型。例如利用软质泡沫板材料制作的手环原型(图8-42),可以佩戴在手上,直观地展示出穿戴特性和使用情境,验证实际使用效果。

(3)卡片原型。这种原型是纸质原型的一个特殊版本,是把界面元素或者不同功能模块画在卡片上,然后根据需求对这些卡片的位置和顺序进行组合、布局等(图8-43)。它比单纯的纸质原型更加灵活高效。

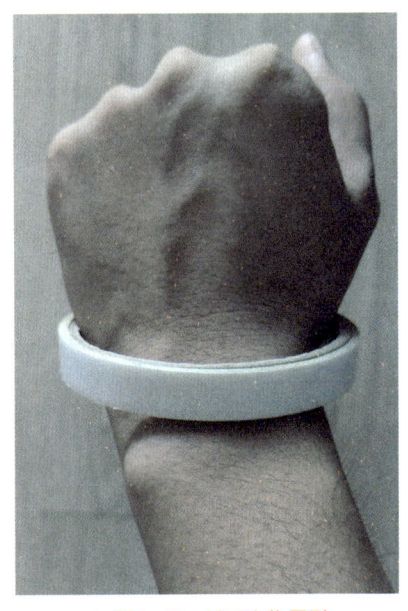

◆ 图8-42 手环实物原型

◆ 图8-43 卡片原型

（4）软件绘制的原型。目前很多公司推出了原型设计软件，利用这些软件可以进行原型图的绘制。这些软件不仅能绘制低保真原型，还可以绘制高保真原型。目前常用的原型绘制软件有：Phtoshop、Adobe illustrator、Fireworks、Pixso、墨刀、MasterGo、Axure RP、Sketch、Principle、Prototyping on Paper、GUI Design Studio等。有些软件还具有设计动效功能，能让原型更生动。这些软件各有特点，设计师可以根据自己的喜好与需求选用（图8-44）。

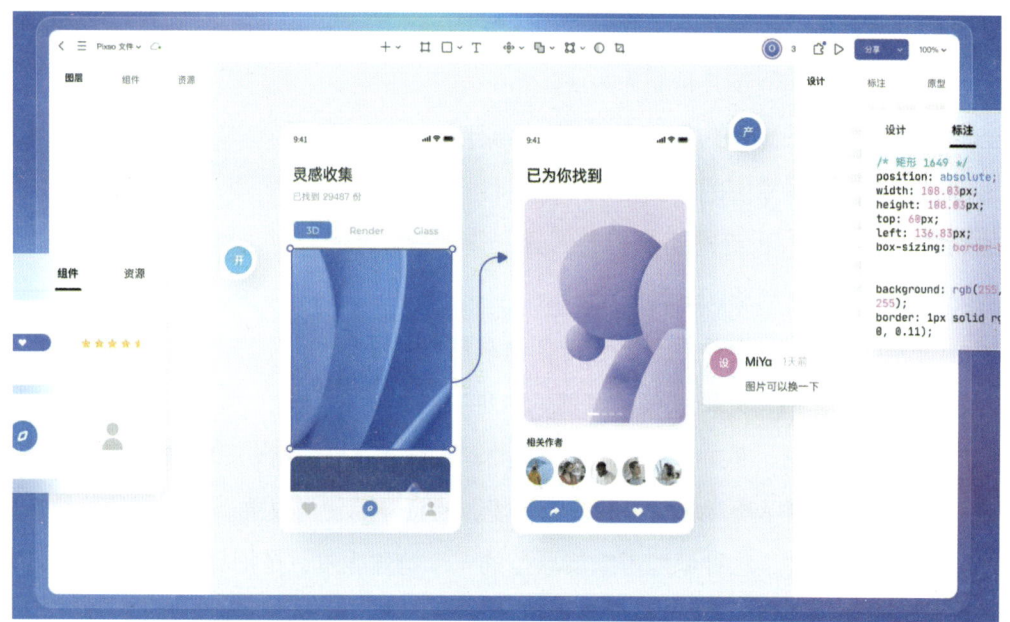

◆ 图8-44　Pixso软件界面

8.5.2 高保真原型

高保真原型是较为精细的、接近最终产品的原型。这种原型无论是从界面、色彩、UI等视觉元素，还是从功能、架构、互动性等使用元素来说，都尽量贴近最终产品。在细节上、功能上、互动上都和真实产品高度相符。

高保真原型能够真实地展示产品的主要功能和工作流程，具有完全的互动性，用户可以像使用真实产品一样完成各项任务。这就要求高保真原型的制作具有较高水准，同时也会耗费较多的时间、精力和资源。

高保真原型和低保真原型一样，需要不断评估、测试、修改，不断地进行迭代。但高保真原型迭代的成本和代价比低保真原型要高一些。我们在低保真原型上往往已经把一些重大的、关键的、颠覆性的问题解决了，在高保真原型上我们往往只需要进行细节和局部修改。做交互设计时，一般都是由低保真原型慢慢迭代到高保真原型。

高保真原型一般使用专业的原型设计软件来完成，这些软件前面已经介绍过。我们在制作高保真原型时，要对细节、动效、交互等方面特别注意。要以"这就是最终产品"的心态去制作高保真原型。某App高保真原型如图8-45所示。

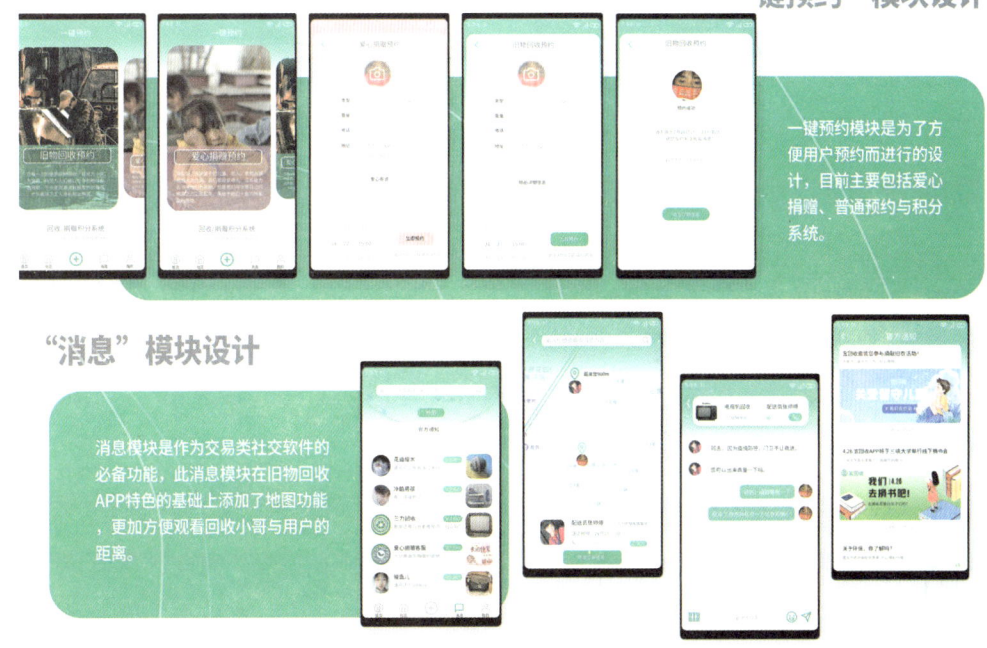

◆ 图8-45　某App高保真原型

8.6　评估与测试

我们设计的交互产品，你如何知道它是否吸引人？你如何知道它是否好用？这就需要展开评估与测试。评估与测试是交互设计必需的、重要的环节。原型需要评估与测试，最终产品也需要评估与测试。评估与测试侧重于系统的可用性和用户在交互时的体验。评估与测试对交互产品的迭代、对用户体验的营造都至关重要。

评估与测试的应用范围很广。从简单的技术原型到完整的系统，从一个特定的屏幕功能到整个工作流程，从审美设计到安全性特征，都需要进行评估与测试。而且根据不同的开发主体，评估与测试所侧重的方面也不一样。例如网络购物平台与游戏软件的评估与测试关注的方面就大不相同。网络购物平台可能关心的是商品的展示是否全面？是否能激起人们的购买欲？浏览、对比和购买商品的功能是否齐全和便捷？支付方式是否安全？游戏软件可能关心的是游戏能否吸引用户？用户愿意花多长时间玩游戏？游戏黏性强不强？角色、等级、道具等设置得是否合理？游戏画面是否流畅，操作是否顺滑？

评估与测试的种类和方法很多，不同的产品和需求会采用不同的评估和测试体系。每种评估和测试的方法都有其优劣，开发人员要根据情况灵活地使用。

8.6.1 评估的类型

（1）形成性评估和总结性评估。

形成性评估是在设计过程中的评估，用来确保产品设计过程围绕满足用户的需求展开。形成性评估涉及大量设计过程，从早期草图和原型的开发，到调整和完善几乎完成的设计，都属于形成性评估的范围。

总结性评估是对已完成产品的评估，评估已完成的产品是否成功。总结性评估也不是一锤子买卖，已完成的产品要根据总结性评估的反馈进行修改，可能需要多次总结性评估。交互设计往往需要多次形成性评估和总结性评估相结合。

（2）用户评估和专家评估。

用户评估是邀请用户使用产品，对产品进行评估，以揭示用户实际使用过程中遇到的问题。用户评估包括涉及用户的可控环境评估、涉及用户的自然环境评估。在实验室内进行的用户评估就属于涉及用户的可控环境评估。在用户工作、生活、实际使用的场景中评估就属于涉及用户的自然环境评估。专家评估是邀请领域内的专家对设计和产品进行评估，发现问题。

可控环境评估能较好地、全面地收集、记录评估的信息（图8-46）。但用户在实验室环境中不如在自然环境中那么真实自然，无法反映真实的使用环境和情况。自然环境评估能实地观察到产品的使用，能和实际使用场景相结合，用户反应也更真实自然。但可能会存在一些信息收集的困难和不可控干扰因素。

◆ 图8-46　在可用性实验室内进行的用户评估与测试

8.6.2 启发式评估

　　启发式评估是指安排一组评估人员对界面进行检查，并判断界面是否符合可用性原则。评估人员可以是专家、设计人员、熟练的用户等。评估对象可以是草图、原型或者产品，让多名评估人员浏览产品的界面，执行一系列操作，基于自身的经验和专业知识从中找出问题，进而修复问题。

　　启发式评估最重要的是制定评估标准。启发式评估的评估标准一般会参考可用性的原则来制定。关于可用性我们在后面的章节将专门论述。不过，关于评估标准每个学者都有自己不同的看法，属于一个较为模糊的概念。启发式评估的个人主观性比较强。

8.6.3 认知走查

　　认知走查是通过分析用户心理加工过程来评价用户界面的方法。认知走查邀请其他设计者或者用户共同浏览或者模拟一些操作任务，提问和思考四个关键问题，分析任务完成中存在的问题。这四个关键问题是：

　　（1）用户会努力获得正确的结果吗？
　　（2）用户会发现正确的操作步骤吗？
　　（3）用户会把正确的操作步骤与期望中的正确结果联系起来吗？
　　（4）在完成任务之后，用户能不能得到合适的反馈？

8.6.4 可用性测试

可用性测试属于用户评估，是通过用户的使用来评估产品，反映了用户的真实使用经验。它通过对典型用户进行测试来对产品或服务做出评价。一般的做法是让用户完成一系列典型任务，观察者在一旁观察、测量、记录数据。可用性测试应该尽早开展，早测试好于晚测试。测试次数不能太少，多测试比少测试要好，测试也是反复的过程。可用性测试的一般流程为以下内容：

①确定测试目标，制订测试计划。如测试的项目、人数、场景、设备等。

②预测试。预先对测试进行演练，以完善测试计划。

③招募用户。招募目标客户群体中的用户来参与测试。

④正式测试。做好测试准备后，给用户布置任务，开始测试，做好观察、测量和记录。

⑤编写测试报告。对测试的情况进行梳理、分析、总结，尤其是用户对问题的发现和建议。

⑥反馈和重新测试。对测试的结果要及时反馈给设计人员，并敦促设计人员及时修改，修改完成后重新测试。

可用性测试会对产品的可用性问题进行等级评定，常用的等级评定有五等级法和三等级法。

根据五等级法，将可用性问题分为以下五个等级：

5级：无关紧要的问题。

4级：让用户焦躁的小问题。

3级：中等程度问题。

2级：严重问题。

1级：灾难性问题。

根据三等级法，将可用性问题分为以下三个等级：

低：会让用户烦躁但不会导致任务失败的问题。

中：可能会导致任务失败的问题。

高：直接导致任务失败的问题。

可用性测试有很多方法，以下为常用的一些方法。

（1）有声思维法。

有声思维法是在用户操作过程中鼓励用户说出自己即时的操作思路、想法和意见。有声思维法能够了解用户操作的真实原因，能够在第一时间得到用户反馈。例如用户在下单界面停留了一些时间，不去点击下单的按钮。造成这种操作障碍的可能是界面元素按钮太小、颜色太浅导致用户定位困难，也可能是相关操作让用户产生了误解，以为已经完成了下单的操作。观察人员在旁边只看到用户停留在这个界面，而不知道原因。观察人员可以询问用户为什么，让用户说出原因，从而找到问题的症结所在。

（2）眼动分析法。

眼动分析法是通过利用眼动记录仪来记录和分析用户眼部活动进而分析的方法。眼动包括注视与眼跳两种基本运动，眼动记录仪会记录用户的眼动轨迹、注视次数、注视时间、注视区域等数据，这些数据代表了参与者在测试过程中注意力的变化路径及注意力的焦点。通过眼动分析法能熟悉用户浏览的行为和习惯，挖掘出用户关注的焦点区域，有利于创建高效的界面布局和交互行为模式。

（3）心理生理测量法。

心理生理测量法是一种通过测量身体提供的信号并借此深入了解心理生理过程的方法。在用户使用产品时，使用一些设备监测用户的身体信号，例如血压、呼吸、心率、皮质醇水平、皮肤电活动、瞳孔直径、脑电波、神经系统指标等。这些数据能够客观地反映用户在使用产品时的心理、生理和情绪的变化，帮助设计者发现产品哪些地方给用户带来了良好的体验，哪些地方给用户的体验不够好。有时用户可能不会说出内心真实的想法，有时用户情绪变化了但从外部观察不出来，这样就得不到准确的测试数据。心理生理测量法则可以很好地弥补这个不足，用客观的监测数据发现用户内心变化。

（4）绩效度量法。

绩效度量法是将产品的可用性目标进行分解并量化，把用户使用产品的反应也进行量化，用量化的数据来反映可用性的高低。例如给用户一个任务，记录用户完成任务所需要的时间，时间就是一个量化的数据。用户耗费的时间越少，一般认为这个产品的可用性越高。

通常可以量化的可用性指标有：用户完成指定任务耗费的时间、在规定时间内完成任务的数量、用户出错的次数、从错误中恢复所用的时间、正确操作和错误操作的比率、用户用到的命令或者功能的数量、用户在测试期间对产品肯定和批评比率、用户表示喜欢或者不喜欢的次数、用户不与系统进行交互的"停滞"时间等。

8.6.5 A/B测试

一个设计往往有多套方案，有A方案、B方案等。A/B测试就是对A、B两套方案进行测试，以期选择出最合适的方案。一般做法是把不同方案的产品随机分配给不同的用户使用，一部分用户使用A方案，另一部分用户使用B方案，然后比较这两个方案的测试数据。如果存在多个方案，则须对多个方案进行测试。

一般A/B测试是对产品局部细节不同方案的测试。例如哪种背景颜色用户更喜欢，哪个按钮交互起来更方便等。有时A/B测试还用于对新增功能的测试，一部分用户仍使用老版本，另一部分用户使用新增功能的版本，以测试新增功能的转化率。A/B测试变量定义灵活，使用范围比较广泛，交互设计中的绝大部分因素都可以进行A/B测试。

课程思政　交互设计的所有流程和各个环节都是根植于社会发展的需要而建立的。设计团队中所有环节的人员都非常重要，没有高低贵贱之分。一个人无法完成交互设计的所有流程，需要大家分工合作，协作完成。我们应着眼于国家和社会的需要，结合自身的优势，努力奋斗，在交互设计中发挥自己的价值。幸福是干出来的！撸起袖子加油干！

作业与思考
1. 选取当前某个热门的应用进行市场调研，撰写调研报告。
2. 假如你要设计一个交互产品，你会如何进行用户研究？
3. 尝试进行一个移动应用的原型设计，从低保真原型到高保真原型进行迭代。
4. 你对自己设计的产品如何进行评估与测试？

第九章

可用性设计

学习目标

（1）了解可用性的概念。
（2）掌握可用性设计的原则。
（3）理解情感化设计。

9.1 可用性概念

在20世纪80年代左右，随着网络技术的发展，在设计领域中出现了"对用户友好型"的设计概念，约2010年此类概念被"可用性"取代。

9.1.1 可用性设计的定义

国际标准化组织对可用性下的定义是，指用户在与交互产品互动时的有效、高效和满意程度，从有效性、效率和满意度三个维度来解释可用性。

其中，有效性指的是用户完成某些任务与实现目标时所达到的准确程度和完整程度；效率指的是用户任务的完成度与损耗资源之间的占比；满意度指的则是用户在使用交互产品的过程中，对产品的满意程度和认可程度。

9.1.2 可用性的表现

在当今设计领域中，尤其是在交互软件设计上，可用性主要表现在以下几点：

（1）使用户思维集中在当前任务上，让用户能够清晰地理解软件图标的含义和整体结构，减少在软件使用过程的思考。

（2）减少用户在使用过程中出现的错误。

（3）减少用户学习、适应软件操作的时间。

（4）减少软件操作难度。

（5）考虑到特殊人群与在特殊环境下，用户仍然能正常使用。

可用性并非单纯的用户体验，它强调人机交互的效率，并在此基础上更增加了一层心理和情感体验（图9-1）。

◆ 图9-1 功能键与背景、图标、文字明显区分开，方便用户操作

9.2 可用性设计的原则

Jakob Nielsen和Ben Shneiderman提出了系统可接受性框架：包括易学性、效率、可记忆性、容错性、满意度五个方面，从这五个方面可以概括到可用性的基本特征。

（1）易学性（Learnability）。

易学性是指一个从未使用过交互产品的人是否能够较容易地学习使用此产品。

（2）效率（Efficiency）。

效率是指有使用交互产品经验的人在使用此交互产品时完成任务的效率。

（3）可记忆性（Memorability）。

可记忆性是指一个曾经使用过产品的用户，他再次使用时无须重新学习该产品。

（4）容错性（Errors）。

容错性是指用户在使用产品时出现的错误是否致命，产品本身能否引导用户去改正使用时出现的错误。

（5）满意度（Satisfaction）。

满意度是指用户在使用此交互产品时是否舒适，对此产品是否满意。

围绕上述的几个方面，可用性的设计原则还须注意以下几点。

9.2.1 简洁

交互产品界面的设计应做到简洁大气，在交互界面上增加的任何一个额外功能或信息，都意味着用户在操作上所花费的时间与精力都要增加，因而更容易产生误解的可能性，应注意化繁为简，少即是多，删减页面中不必要的功能、信息，提高用户在使用交互产品时的效率。在视觉元素中也应该注意主次分明、统一、简单。

好的交互界面应当仅提供用户目前所需要的内容，并把内容放在醒目的位置。此外信息排列的次序和对它们对应的操作次序也要符合用户高效完成任务的工作方式。部分交互产品还可以做到让用户根据自己的使用习惯来删减不必要的功能和调整操作的次序，从而进一步简化界面，提高效率。

如在搜索器网页设计中，主要功能应在最为醒目的位置，次要功能与信息不可抢占主要功能的版面，以减少用户在使用过程中的出错。此外，网页设计中应注意留白，信息过于密集会使用户产生视觉疲劳和紧张情绪。如百度搜索的界面大部分做了留白设计，搜索栏占据用户视觉中心的位置，次要信息则在中心下方，因此，很容易将用户的注意力吸引到主要功能上（图9-2）。

◆ 图9-2 百度网页端

　　界面的色彩选择不能过于复杂，最好选择在三种之内，色彩过多会造成主次不分明、杂乱无章的负面效果，次要功能键等最好选择饱和度较低的颜色，以便突出主要功能键与信息。此外，不同的颜色还能够体现不同的情感功能，如唯品会网页端主体色调为粉红色（图9-3），使整个页面看起来颇具女性的浪漫气息，背景则为纯白色，突出中心内容的同时也减少了高饱和度颜色给视觉带来的刺激。

◆ 图9-3 唯品会网页端

　　除色彩外，同一个页面中不同字体的使用数量也不宜过多，文字在页面中以传递信息为主，繁复的字体会增加用户在阅读过程中使用的时间，同时降低使用效率。页面中文字的颜色、大小、粗细也能体现出信息主次的层级关系，如在BOSS直聘的网页端首页（图9-4），职位大分类的文字为黑色，小分类的文字则为灰色，热门职位则为亮色且在搜索栏下方醒目位置，让用户能快速找到感兴趣的板块。

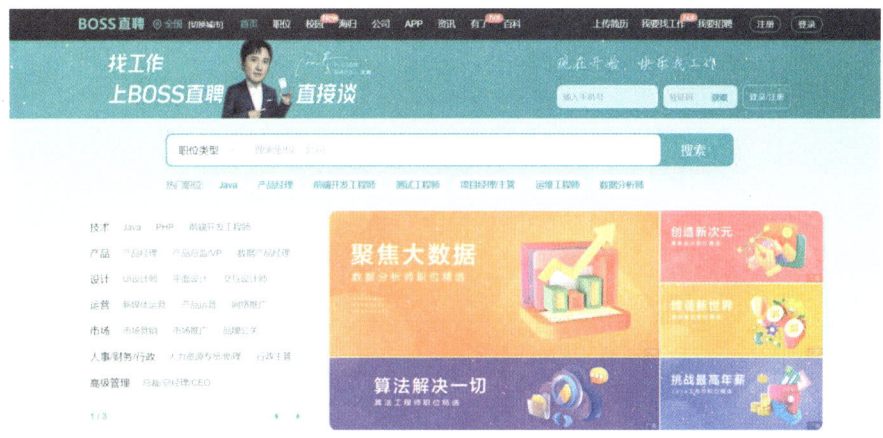

◆ 图9-4　BOSS直聘网页端

在追求页面简洁的同时，应减少页面中的附加信息，提高产品的可用性，改善用户体验，提高用户的使用效率。附加信息在特定情景下可以为用户提供帮助，引导初次使用交互产品的用户学习和使用此产品（图9-5），但在用户熟悉产品操作后应随之关闭此类附加信息。此外，大量附加信息占据交互界面中部分或大部分版面后，会导致用户需要思考、甄别哪些信息为主要功能，哪些信息为次要功能，此类附加信息会扰乱用户的认知，给用户造成负担，甚至因信息过载导致焦虑。

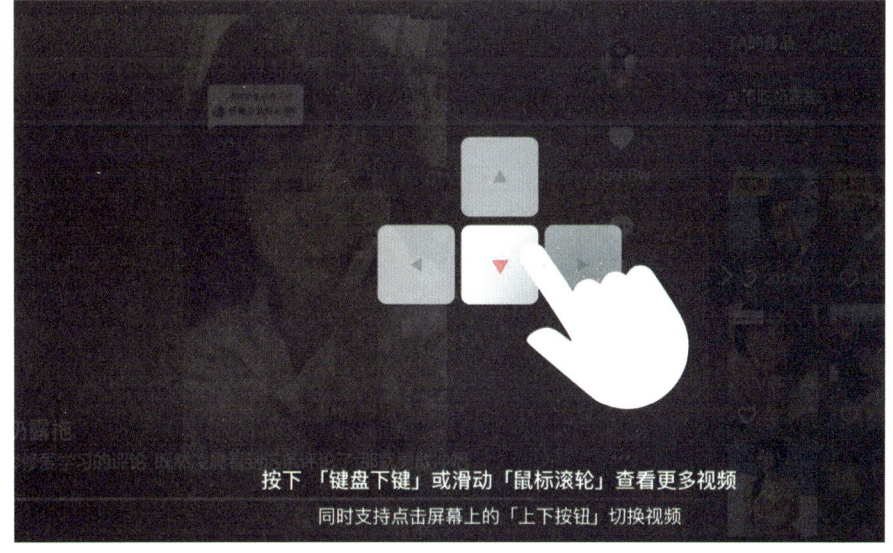

◆ 图9-5　抖音网页端新手指引

在部分交互界面设计中存在很多装饰性质的元素，适当的装饰元素可以提升界面的美观性，但若装饰元素过于烦琐会导致用户接收界面的信息传达时受到阻碍。

综上所述，交互产品应减少无关信息，利用色彩、字体、版式等元素的设计安排，做到突出主要功能、区分不同功能和传递信息，从而提高交互产品的可用性。

9.2.2 可记忆性

用户在使用交互产品时会产生记忆，记忆会增加交互效率，但记忆并非影响用户操作的唯一因素，若交互产品的功能键或选项过多会增加用户的记忆负担，因此，界面的功能键和选项的数量不可过多。

可视化指引是减少用户记忆负荷的方法之一，界面功能键和选项除被记忆外还可以被引导注意到，图形的操作指令比文字更易理解和识别，可运用箭头、方框、标志等引导元素指引用户注意到部分功能键或选项。页面中信息内容较少，能使用指引来引导用户注意到主要内容，另一个方法则是运用算法记忆用户信息，如记忆用户的账号、密码等，使用户在下次登录该交互产品时无须再次输入信息，例如浏览器能记忆用户经常访问的网站，或推荐用户感兴趣的内容（图9-6、图9-7）。

交互产品的可记忆性可以减轻用户在使用产品时的附加工作，在有些交互产品中还可以降低用户的输入错误的次数，让用户有更好的体验。

◆ 图9-6 浏览器密码记忆功能

◆ 图9-7 哔哩哔哩网页端搜索推荐

9.2.3 易学性

对于交互产品来说，易学性是可用性最基础的一个属性，指的是新用户在学习某交互产品时能够在短时间内达到较高的熟练水平。交互产品不会直接告诉用户如何具体去操作使用，因此，需要用户自己参与学习的过程。好的界面设计应当能指引用户快速学习如何正确使用产品，而对于复杂操作的交互产品则应引导用户耐心学习或激发用户对于产品的学习欲望。

交互设计中被普遍使用的模型是系统模型、概念模型和表现模型。其中，系统模型指交互的工作方式与交互的程序；概念模型是用户对交互产品如何运作、如何参与交互的一种认知，不同的交互产品有着不同的概念模型；表现模型则是指设计者展示给用户参与交互行为的方式。

交互设计应更贴近于概念模型，而非系统模型。表现模型越接近概念模型，此交互设计就越容易被学习，进而用户就越容易理解如何参与交互、理解交互产品运作的机制与流程。

图形在交互设计中可以起到良好的引导学习作用，优良的图形设计是形成易学性的一个重要基础，如在淘宝的界面中（图9-8），形象的图标隐喻了各种功能，例如"购物车"样的图标代表用户选中了心仪的商品，可随时将其加入购物车。值得注意的一点是，图形暗示需要符合用户的概念模型且不能使用大众难以理解的隐喻，从而避免让用户产生错误的理解，同时还须考虑图形与交互产品本身的主功能或品牌定位是否切合。

◆ 图9-8 淘宝App图标

图形隐喻外，标志也可引导用户快速学习掌握交互产品，例如浏览器跳转页面的图标采用的是箭头标志，刷新则是旋转标志，可快速让用户了解到功能键的用途（图9-9）。未读的消息通常在UI上标有红色标志，可起到提醒用户及时查看的作用。

◆ 图9-9 浏览器图标

对于部分较为复杂的操作，须注意添加适当的文字或图形补充说明，便于用户更好地理解与记忆。

9.2.4 一致性

一致性是可用性最基本的法则之一，一款交互产品不同的操作功能最好使用统一的设计风格，一是方便用户学习与记忆，二是巩固品牌形象。一致性的设计对于用户的学习也起到重要的作用，若用户知道相同的命令或操作会产生同样的效果，那么他们在使用产品时就会更加轻松，因为他们已经具备了关于产品一定的记忆。

在设计过程中，遵循用户界面标准，如字体、色彩、元素等，实现交互产品多方面的一致性。一致性并非单纯指界面中的元素完全一致，更多的是关于产品自身品牌理念的拓展，在变化中保持一致性（图9-10）。不仅在界面的设计中需要保持一致性，如界面弹窗弹出的方式、界面切换的方式都须考虑到是否具有一致性。

一致性并非标准化，保持一致性并不是刻板地遵守某一个设计准则，而是通过设计一套具有一致性的界面和操作系统来增加交互产品的可用性，优化用户体验。

9.2.5 提供反馈

反馈是指系统应告诉用户目前正在做什么，在交互过程中清晰地向用户显示每个操作的状态与结果是必要，而非只有在用户出现错误时才给予信息提示。若不能及时提供反馈，用户可能在不熟悉产品的情况下失去参与交互的兴趣与耐心，甚至无法进行下一步操作，进而降低产品的可用性。

◆ 图9-10　苹果健康App界面图标

此外，错误提示的设计应注意表达清晰，系统反馈不应使用具有抽象和模糊意义的提示，而是应该以准确的文字描述传递反馈信息，例如在注册某软件时，提示注册后无法再次更改用户名称等告示来提醒用户须谨慎填写信息，抑或是在须提交短信验证码时提示信息已发出，使用户不必重复进行操作。同时尽可能地帮助用户改正错误，还须注意提示话语的语气是否正式且礼貌（图9-11）。

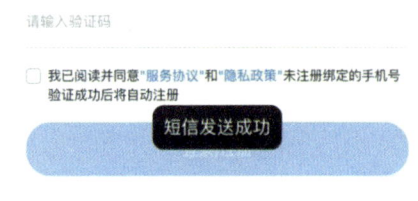

◆ 图9-11　短信验证码反馈

当系统出错或用户操作出错时应当给出信息反馈，反馈不仅需要提示错误，还要引导用户进行正确的操作，如软件在未连接网络时须提示用户连接网络，页面崩溃时提醒用户刷新页面。反馈不及时容易给用户带来负面体验甚至负面情绪，降低交互产品的可用性。

若系统所进行的操作需要很长的响应时间，反馈需求就起到尤为重要的作用。关于响应时间的基本建议分别为以下几个阶段：

0.1秒左右：此时间段因为过程极短，对于此类情况，反馈除了显示结果外不需要给予用户其他信息。

1.0秒左右：用户会感觉到延迟，但对于用户来讲这个时长的延迟较短，因此，通常不需要对此专门做出反馈。

10秒左右：用户能清晰地感受到延迟，在面对较长时间地延迟时，用户往往会将注意力转移到其他事物当中去，因此，需要通过反馈信息来提示用户的操作进程，如下载时的进度条或提示框（图9-12）。此外还可以显示目前程序正在执行的任务进程，来告知用户目前的工作进度和完成情况，如文件传输时，提示哪些文件已经被转移到目标地。

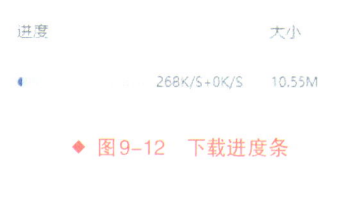
◆ 图9-12　下载进度条

9.2.6 错误反馈

好的交互界面应尽可能地做到避免用户在交互操作中产生错误，但改进用户界面和操作系统，用户和软件可能仍然会出现错误，因此，若出现不可避免的问题时，应引导用户从错误中走出，继续完成须执行的操作。此外，还应赋予用户中断计算机并取消操作的功能，如下载失败时允许用户停止下载和删除任务（图9-13）。

◆ 图9-13　百度网盘下载界面

9.2.7 避免错误

错误提示可引导用户及时更正错误也可帮助用户避免出现错误，如在要求用户输入出生年月时，让用户从菜单中选择年月日而不是直接输入，或在用户选择删除文件时提示"是否删除"来避免用户由于误操作引起的问题，但这种提示不可过多，只可在必要时提示，否则会因为多次重复操作与提示给用户带来烦躁情绪，还可能导致用户的回答形成习惯，破坏用户体验。

9.2.8 快捷方式

快捷方式是指用户希望以更加快速便捷的方式来完成操作，完成操作的效率可以时间作为度量，如在删除信息时可选择全选或通过滑动的方式选定用户想要删除的内容，避免用户逐条删除信息，或如输入法根据用户习惯记忆常用字，大大缩短用户需要花费的时间（图9-14）。

◆ 图9-14　ios信息批量处理界面

9.3 情感化

交互产品带给人的是逻辑思维的理性感受，而人类的情感思维是感性的，因此，在设计交互产品时须格外重视用户的情感需求，在设计中注入人性化的情感思维，让用户在心理上与产品形成共鸣。

9.3.1 情感化设计

情感影响人类的行为模式与思维方式，是人类最为复杂的心理因素。设计者在设计交互产品时必须了解将要使用产品的是哪一类人，即受众群体，必须充分考虑用户的情感需求，将产品设计成可考虑到用户的心理而非仅仅关注功能需求，与此同时，设计者还应当考虑到用户的工作环境、社会环境以及特殊需求。如短信验证码会提供一种语音模式，来帮助视觉障碍群体能够正常使用；供学生使用的阅读和学习类软件须去除与娱乐相关的内容，帮助学生集中注意力在学习和阅读上（图9-15）。

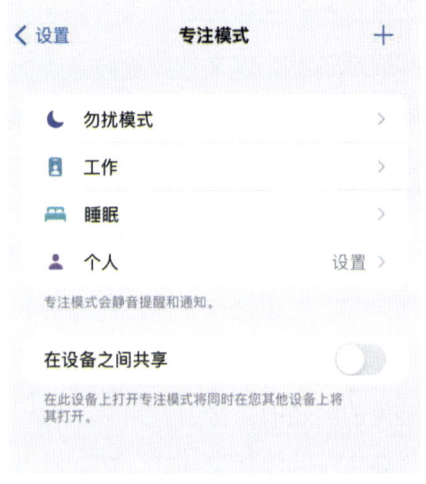

◆ 图9-15 ios特殊模式选择界面

9.3.2 情感体验

用户在与交互产品进行互动时，会产生三种不同的情感体验，在Donald Arthur Norman的《情感化设计：为什么我们喜欢（或讨厌）日常事物》一书中，他对情感化系统的这三个方面做了层次区分，根据这三层情感体验，交互设计也应该使用不同的设计方法。

（1）本能体验。

本能体验是指用户在接触交互软件前所产生的一种"直观感受"，如网页的设计风格、美观程度、听觉、触觉等感受。本能体验是构成用户情感体验的基础，同时还是用户是否愿意进行后续操作和体验的决定性因素。因此，本能体验须考虑到不同用户之间存在的差异性，并超越文化、地域等限制，如同一款产品，中西方的用户皆能感受良好，在一些设计中，须更加关注用户的本能体验，让用户的"直观感受"在交互过程中处于支配地位，给予用户更好的感受。

（2）行为体验。

行为体验是本能体验后的下一层,是指用户在交互产品的使用过程中所产生的感受,行为体验相较于本能体验的感官刺激,更注重使用过程中的效率和性能,行为体验的设计通常须注意前文所提及的功能简洁、易学性、可记忆性等因素,可用性是行为体验中须注意的重中之重。

（3）反思体验。

反思体验是用户情感体验的最后一层,反思体验是一种高级思维活动所表现出的更加深入的思考与评估。反思体验并非通过直接的视觉感官产生,但仍与本能体验有着千丝万缕的联系,反思体验更多关注参与交互后用户所产生的对于产品的意义以及功能的评价。

情感体验的三个层次之间具有相互影响的作用,能够启发设计者的思维意识,这三个层次结合在一起形成了整个产品体验。

可用性是交互设计中的重要组成部分,学习可用性对学生站在他人角度思考问题和从社会多方面考虑问题具有引导作用,对学生在未来设计为老年人群体、残障人士等特殊群体服务的交互软件上有很大的帮助。

1. 以一个交互产品为例具体说明可用性原则是如何表现的?
2. 选取一个App,分析其情感化设计是怎样的?
3. 如何评价一款交互产品的可用性?

参考文献

[1] 普瑞斯,罗杰斯,夏普.交互设计:超越人机交互 [M]. 北京:电子工业出版社,2015.

[2] 周承君,赵世峰.设计心理学与用户体验 [M]. 北京:化学工业出版社,2019.

[3] 普拉特,努恩斯.交互设计:以用户为中心的设计理论及应用 [M]. 北京:电子工业出版社,2015.

[4] 顾振宇.交互设计:原理与方法 [M]. 北京:清华大学出版社,2016.

[5] 福利特.设计未来:基于物联网、机器人与基因技术的UX [M]. 北京:电子工业出版社,2016.

[6] 由芳,王建民,肖静如.交互设计:设计思维与实践 [M]. 北京:电子工业出版社,2017.

[7] 巴克斯特,卡里奇,凯恩.用户至上:用户研究方法与实践 [M]. 北京:机械工业出版社,2017.

[8] 田蕴,毛斌,王馥琴.设计心理学 [M]. 北京:电子工业出版社,2013.

[9] 司迪恩.国际经典设计教程:交互设计 [M]. 北京:电子工业出版社,2015.

[10] 宫晓东,边鹏,魏文静.交互设计 [M]. 合肥:合肥工业大学出版社,2016.

[11] 霍克曼.用户体验设计:本质、策略与经验 [M]. 北京:人民邮电出版社,2017.

[12] 尼尔森.可用性工程 [M]. 北京:机械工业出版社,2004.

[13] 索利斯.完美用户体验:产品设计思维与案例 [M]. 北京:电子工业出版社,2018.

[14] 张劲松,吕欣,余永海.跨界思维:交互设计实践 [M]. 杭州:浙江大学出版社,2016.

[15] 陈根.交互设计及经典案例点评 [M]. 北京:化学工业出版社,2016.

[16] 陈华.不只情感设计 [M]. 北京:电子工业出版社,2015.

[17] 李洪海,石爽,李霞.交互界面设计 [M]. 北京:化学工业出版社,2011.

[18] 利维.决胜UX:互联网产品用户体验策略 [M]. 北京:人民邮电出版社,2017.